きちんと知りたい！

自動車メカニズムの基礎知識

234点の図とイラストでクルマのしくみの「なぜ？」がわかる！

橋田卓也 [著]
Hashida Takuya

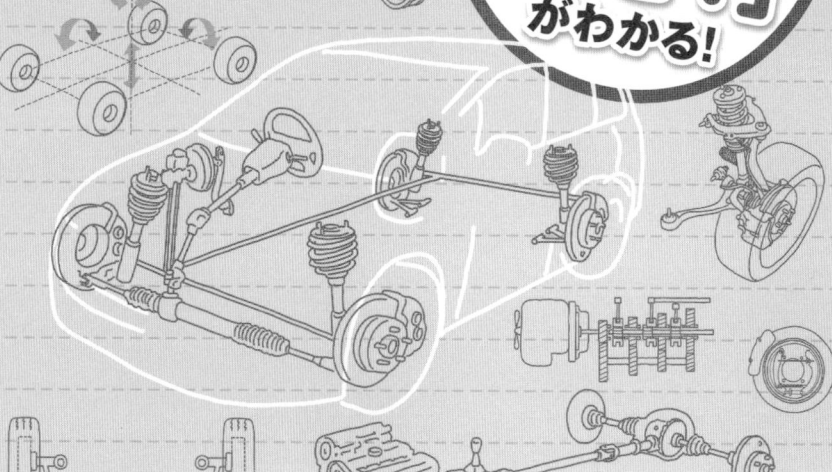

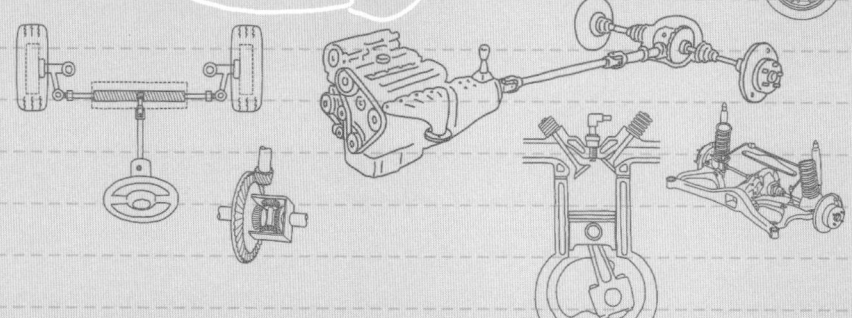

日刊工業新聞社

はじめに

　日本に乗用車が本格的に普及し始めたのは1970年頃です。当時のクルマは現代のものと比べて、性能も快適さも比較にならないほど簡素なものでしたが、日本の経済が発展するにつれて「より速く、大きく、豪華に」と変貌していきました。

　その間、二度にわたる石油ショックや排気ガス規制といった世界規模の逆風が自動車を襲いました。しかし、少ないガソリンと空気の混合ガスをタイミングよく燃焼させる技術や、有害ガスを再燃焼させたり還元する触媒などが開発され、これらの問題をクリアしていく過程で日本車は着実に性能向上を続け、結果として世界的にも「低燃費でクリーンな自動車」という評価を獲得していったのです。

◎制御技術の変化が飛躍的に自動車を進化させた

　初期の国産車の開発は、先行していた欧州や米国車の模倣から始まりました。スタイルはもちろん、エンジンや駆動系、足回りの技術も外車を手本として形づくられたのですが、物づくりの技に長けた日本の技術者は、手本となっていた技術に独自の改良を加えたり、それらをヒントにまったく新しい仕組みを生み出すなど、短期間のうちに手本を超える製品を生み出していきました。

　さて、80年代頃までの自動車は、いわゆる"アナログ技術"によって制御されていました。例えば、エンジンが生み出すバキューム（負圧）と大気圧の圧力差、回転する部品が発生する遠心力の強弱、荷重によるバネの伸縮、テコの原理といった、ある意味、目に見える制御技術の集大成であったような気がします。そして、80年代半ばから現代に至る間に乗用車はさらに大きな進化を遂げました。その要因は、電子制御技術の普及です。

　エアコンなどの家電機器でも"○○センサー"と呼ばれる感知装置の名前を耳にすることが多いと思いますが、これは空気、液体などの温度や流量、回転する部品の回転数や速度といった状態を感知して、電気的な信号として出力する部品です。

　数多くの用途に用いられているのですが、この"センサー"とそこからの信

号を受けて分析・判断してさまざまな部品に指令を出す機構を「電子制御システム」と呼び、この技術が生み出され、精度が向上したことによって、自動車は飛躍的に進化しました。

◎基本となる機械部品の働きは変わらない

　このように現代の自動車に、センサーやコンピューターの存在は欠かすことができません。エンジンはもちろん、走行中の自動車全体の状態を瞬時に判断し、最適な制御を行うことのできるこの機構は、ドライバーがどれだけ五感を研ぎ澄ませ、反応速度を高めても追いつかないほどの効果を持っています。しかし、その高い能力も制御される機械部品が正しく動いてこそ、本来の効果を発揮できることを理解しておく必要があります。

　この本では、自動車の技術に興味を持たれている読者はもちろん、自動車のことを知りたいドライバーの皆さんにも理解いただけるように、自動車技術の基本となる事柄をできる限り平易にまとめました。

　若い人たちの自動車に対する興味が薄れていると言われる時代ですが、この本がきっかけとなって自動車技術に関心を持たれる方が一人でも増えることを願ってやみません。

2013年8月吉日　橋田　卓也

きちんと知りたい！自動車メカニズムの基礎知識
CONTENTS

はじめに 001

第1章
自動車はどうなっているのか【導入編】

1. 自動車メカニズムの基本中の基本

1-1	メカニズムの全体像	010
1-2	ボディ構造の概要	012
1-3	ボディ形状とクルマの特徴	014
1-4	エンジン搭載位置と駆動輪の関係	016
1-5	サイズによるクルマの分類	018
1-6	クルマの性能を知るための用語	020

COLUMN **1** 日本の自動車業界を支える軽自動車 022

第2章
「力」を生み出す【エンジン編】

1.「力」を作り出すエンジンの中心部

1-1	乗用車用エンジンの種類と特徴	024
1-2	4サイクルエンジンの動き	026

1-3	乗用車の種類に応じたエンジン	028
1-4	4サイクルエンジンの基本構成	030
1-5	往復運動→回転運動の変換	032
1-6	シリンダーヘッドと燃焼室	034
1-7	バルブシステムの役割	036
1-8	カムシャフトとバルブタイミング	038
1-9	バルブシステムの種類	040
1-10	進化したバルブシステム	042

2.「力」の元となる燃料に関するシステム

2-1	燃料がガソリンである理由	044
2-2	燃料を供給するシステム	046
2-3	吸気装置の役割	048
2-4	フューエルインジェクションの構造と作動（1）	050
2-5	フューエルインジェクションの構造と作動（2）	052
2-6	フューエルインジェクションの制御と新機構	054
2-7	排気装置の役割	056
2-8	燃焼効率と出力向上からのエコ技術	058

3. エンジンを側面から支援しているシステム

| 3-1 | 潤滑装置の役割 | 060 |
| 3-2 | 冷却装置の役割 | 062 |

4. クルマの生命線となっているシステム

| 4-1 | 電気装置の概要と始動装置 | 064 |
| 4-2 | 充電装置の役割 | 066 |

4-3	点火装置の役割	068
4-4	進化した点火装置	070

5. ガソリンエンジン以外の動力源と新世代の技術

5-1	ディーゼルエンジンの特徴	072
5-2	新世代ディーゼルエンジンの概要	074
5-3	ハイブリッドシステム	076
5-4	プラグインハイブリッドと電気自動車	078
5-5	アイドリングストップの効用	080

COLUMN 2　大きく様変わりした自動車整備 　　082

第3章
「力」を伝える【ドライブトレーン編】

1. 「力」をつなぎ、伝えるシステム

1-1	エンジンからタイヤへ動力を伝達する	084
1-2	クラッチの役割	086
1-3	減速作用の効果	088
1-4	トランスミッションの役割とギヤ比	090
1-5	マニュアルトランスミッションの構造と変速	092
1-6	シンクロメッシュ機構（同期装置）の働き	094
1-7	オートマチックトランスミッションの特徴	096
1-8	トルクコンバーターのしくみ	098
1-9	トルク変換のメカニズム（1）	100
1-10	トルク変換のメカニズム（2）	102

1-11	副変速装置のしくみ	104
1-12	3速A/Tの構造と作動	106
1-13	A/Tに付属するさまざまなシステム	108
1-14	CVTの考え方	110
1-15	CVTの構造と作動	112
1-16	トランスミッションの新技術	114

2. スムーズに旋回するためのシステム

2-1	ディファレンシャル（差動装置）の概要	116
2-2	ディファレンシャルの差動作用	118
2-3	差動制限ディファレンシャルの必要性	120
2-4	その他の動力伝達機構	122
2-5	4WDの概要としくみ	124

COLUMN 3　進化を続ける日本の自動車技術　126

第4章
「力」を操る【足回り編】

1.「走り」の質を決めるシステム

1-1	サスペンションの役割	128
1-2	フロントに用いられるサスペンション	130
1-3	リヤに用いられるサスペンション	132
1-4	サスペンション用スプリングの特徴	134
1-5	コイル以外のスプリング	136
1-6	ショックアブソーバーの役割	138

| 1-7 | ショックアブソーバーのしくみ | 140 |
| 1-8 | タイヤ・ホイールの構造 | 142 |

2. ホイールアライメントとクルマの挙動

2-1	走行中のクルマの挙動	144
2-2	ホイールアライメントの必要性	146
2-3	キャンバーとキングピン角	148
2-4	トーインとキャスター	150

3.「曲がる」をつかさどるシステム

3-1	クルマの旋回	152
3-2	ステアリング機構の概要	154
3-3	ステアリングギヤ機構のしくみ	156
3-4	油圧式パワーステアリングの原理と作動	158
3-5	油圧式の制御と電動パワーステアリング	160

4.「止まる」をつかさどるシステム

4-1	ブレーキの概要	162
4-2	ディスクブレーキの構造と作動	164
4-3	ディスクブレーキの種類と特徴	166
4-4	ドラムブレーキの構造と特徴	168
4-5	ブレーキの油圧機構	170
4-6	制動倍力装置の工夫	172
4-7	アンチロックブレーキシステム（ABS）の概要	174

COLUMN 4　きちんと考えたいA／T車の急発進事故　176

第5章
安全をバックアップする【セイフティー編】

1. 安全運転をサポートするシステム

- 1-1 照明装置の進化 ……………………………………………………… 178
- 1-2 ソナー、レーダー&カメラの利用 …………………………………… 180
- 1-3 トラクション&スタビリティコントロールシステム ……………… 182
- 1-4 エアバッグとシートベルトの進化 …………………………………… 184

COLUMN 5　何となくわかる若者のクルマ離れ ………………………… 186

索　引 ………………………………………………………………………… 187

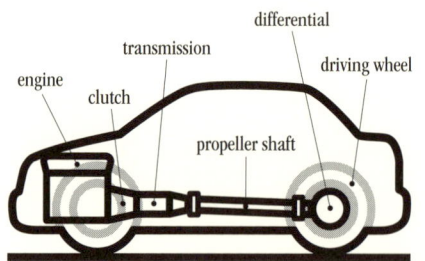

第1章

自動車は どうなっているのか
【導入編】

The chapter of introduction

1. 自動車メカニズムの基本中の基本

メカニズムの全体像

「走る」「曲がる」「止まる」は、言うまでもなくクルマが本来備えているべき機能ですが、これらを果たすために必要なメカニズムにはどのようなものがあるのですか？

クルマには「走る」「曲がる」「止まる」の3つの機能が凝縮されています。「エンジン」と、ここで生み出された力をタイヤに伝える「動力伝達機構（ドライブトレーン）」は「走る」ための働きを受け持ち、車体を支え、安定させる「サスペンション」とドライバーの意志に従ってクルマの進路を変更する「ステアリング機構」は、「走り、曲がる」ための役目を担っています。また、走行中のクルマの速度を制御し、停止させることができる「ブレーキ装置」は、安全な走行のために欠くことのできない「止まる」ための機能です。

これらの機能がバランスよく備わっていてこそ、優れた性能を持つクルマだといえるのです。

■エンジン＆ドライブトレーングループ

上図は、車体のフロント部分にエンジンを搭載し、リヤタイヤを駆動輪（エンジンの力を路面に伝えるタイヤ）とするクルマの例です。エンジンで生み出された力は回転力として出力され、「トランスミッション」のギヤの組み合わせを変えて、より大きな回転力や速さを生みます。「プロペラシャフト」は、その回転力を後ろのタイヤまで導き、「ディファレンシャル」では、プロペラシャフトの回転方向をタイヤの回転方向に変換すると同時に、より回転力を高めるように働きます。その後出力された回転力は、「ドライブシャフト」を経てタイヤまで伝わります。

■シャシーグループ

下図に示すシャシーの役目は多岐にわたっています。ストラットやサスペンションアームは、「サスペンション」関連の部品で、クルマの走行姿勢や挙動を整え、乗り心地をよくするなど、安定した走りに欠かせません。ハンドルやステアリングギヤは「ステアリング機構」を構成し、ドライバーの操作に応じて、クルマの進む向きをコントロールします。マスターシリンダーやブレーキディスクは、「ブレーキ装置」に関わる部品で、重量があって高速で走るクルマを安全に停止させる重要な役目を担っています。

これらは、クルマに備わった基本的な機構のほんの一部ですが、数多くの部品が関わり合いながら安全で快適なクルマの性能を生み出しているのです。

第1章 自動車はどうなっているのか【導入編】

エンジン&ドライブトレーングループ

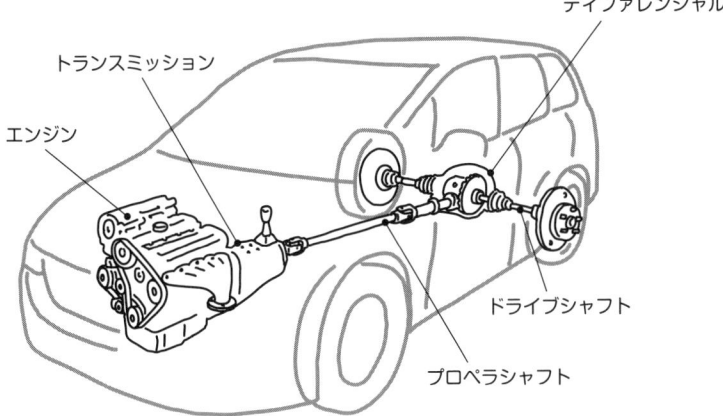

シャシーグループ

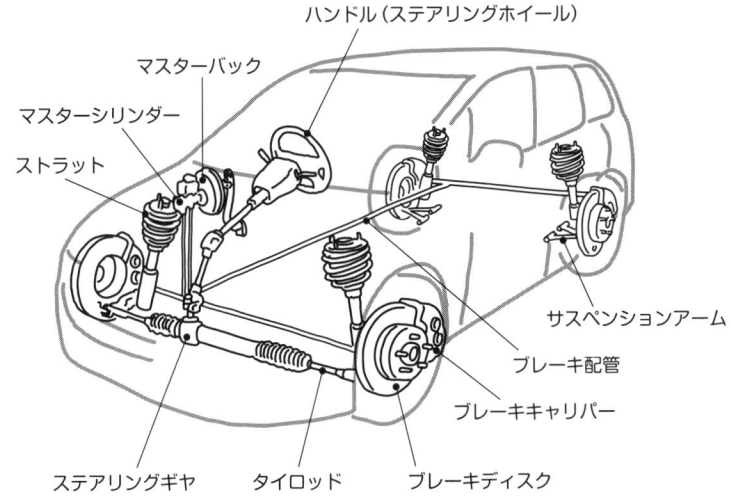

※イラストは、各パーツの位置関係を大まかに示しています

> **POINT**
> ◎エンジン&ドライブトレーンは力を生み出し、伝える働き、サスペンションは車体を支え、安定させる働き、ステアリングはクルマの進行方向を任意に変える働き、ブレーキはクルマを安全に停止させる働きをしている

ボディ構造の概要

1-2　乗用車は、ボディとフレームを一体にしたモノコックボディ構造を採用しているようですが、これにはどんな特徴があるのですか？　また、乗用車以外のクルマではどうなっているのでしょうか？

　前項でクルマのメカニズムの全体像について述べましたが、ここでは、それらが取り付けられている「ボディ（フレーム）」について説明します。

■進化し続けるボディ構造

　ボディの骨格に当たる部分を「フレーム」と呼びますが、現在の乗用車で上図のようなタイプのフレームを持つものは非常に少数派です。フレームにはタイヤ（ホイール）を支えるサスペンションアーム類やスプリングはもちろん、エンジン、動力伝達機構、ステアリング機構などが取り付けられ、その上にキャビン（人の乗る部分）が載せられています。フレームにシートをセットすれば、単独で走ることも可能で、トラック、バスなどの大型車は、主にこの方式を採用しています。また、4輪駆動車の一部にもフレームを持つ車種があります。

　しかし、現在の乗用車は、「モノコックボディ」と呼ばれるフレームとキャビンが一体化した形式が一般的です（中図）。モノコックボディは、大型車のフレームのように角材を組み合わせたものではなく、鉄板をプレス加工し溶接することでキャビン形状を作り出すとともに、強度の必要なフレーム部分も同時に成型しています。そのため、クルマ全体をより軽量にすることができるのです。

■衝突安全性と燃費向上がボディを進化させる

　モノコックボディが乗用車の主流になったのは、ボディ全体を軽量化できることで、クルマの性能、特に運動性能と燃費に好影響を与えるからです。また、衝突安全性がクローズアップされるようになり、事故が起きた際にボディがうまく潰れて衝撃を吸収し、いかに乗員や歩行者に与えるダメージを減らすかといったことが考えられています。そのため、モノコックボディの各所には、事故による外力が加わった際、ボディが変形していく過程をコントロールできるように、あえて変形しやすい箇所（クラッシャブルゾーン）を設けています。

　下図は、モノコックボディ方式を採用しつつ、より強度の高いフレーム構造を合体させたような形状を持っています。現在のクルマでは、この例のようにより強く、軽量で、必要に応じて乗員や歩行者などに与えるダメージを減らす工夫が盛り込まれているのです。

第1章 自動車はどうなっているのか【導入編】

4輪駆動車のフレーム

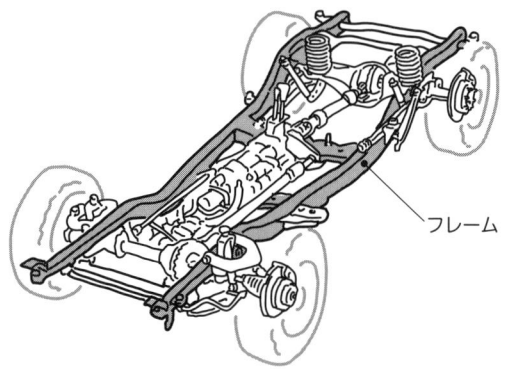

フレーム

モノコックボディの例

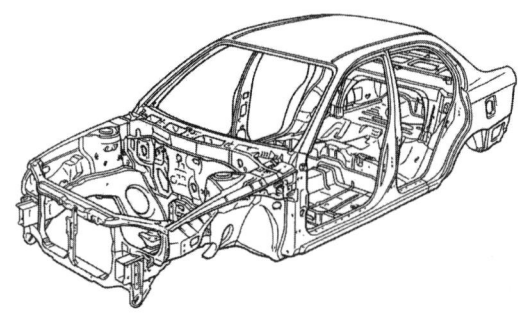

強度の高いフレーム構造を合体させたモノコックボディの例（フロア部）

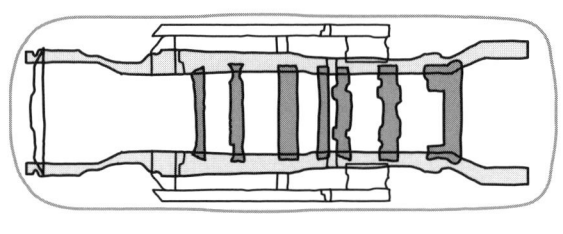

□ ストレートフレーム　■ クロスメンバー

> **POINT**
> ◎エンジンやサスペンションなどはボディのフレーム部に取り付けられている
> ◎現在の乗用車の大半は、プレス加工された鉄板を溶接で組み合わせたモノコックボディを採用しており、軽量で強度も高く事故時の安全性も考えられている

1-3 ボディ形状とクルマの特徴

町中を走っているクルマを見ると、それぞれが個性のあるスタイルをしていますが、クルマをボディの形状で分類するとどのように分けられるのですか？

　クルマを形で分ける方法として長く用いられてきたのは、「ボックス形状」による分類です。これは、エンジンが納められた部分（エンジンルーム）と人の乗る客室（キャビン）、荷物を載せる部分（トランク）をそれぞれ"箱"として考え、これらがどう組み合わさっているかで「1ボックス」「2ボックス」「3ボックス」と分類します。

　例えば、タクシーに代表される「セダン」は3ボックスになりますし、"ワンボックスカー"はまさしくエンジン、キャビン、トランクが一体となっています。ただ、この分類法も時代の流れで少しずつ変化が出てきています。

◤衝突安全対策がクルマの形にも影響した

　図は代表的なクルマの形状をイラストにしたものですが、これらに分類し切れない形のクルマも、まだまだ数多くあります。また、ミニバンとワンボックスワゴン、エステートワゴンの違いを明確に説明できるかというと、なかなかはっきりとした定義づけがされていないのが現実です。ただ、最近の流行として2ボックスに分類されるクルマが多くなっていること、エンジンルームが昔に比べて小さくなってきていることは間違いありません。

　ワンボックスと呼ばれる車種でも、純粋な1ボックス形状をしたものは少なく、特に軽のワンボックスカーはフロントに小さな箱を足した"1.5ボックス"形状をしているものが多くなっています。これには、衝突安全基準の強化が大きく影響していて、事故の際に衝撃を吸収する「クラッシャブルゾーン」を設けるためにフロント部に空間が必要だったことが要因です。

　また、エンジンルームが小さくなったのは、「マシン・ミニマム、マン・マキシマム」の要求が強くなったことが影響しています。これは、機械が占める部分はできるだけ小さく、人が利用する部分はできる限り大きくという考えから来たもので、特にミニバンや軽自動車にはこの点を追求したモデルが数多く存在し、カーメーカーが発表する新しいモデルでも強力なアピールポイントになっています。いずれにしても、これらの事情から、従来の"ボックス形状"による分類に単純に当てはまらないモデルが多くなってきているのです。

第1章 自動車はどうなっているのか【導入編】

ボディ形状によるクルマの分類

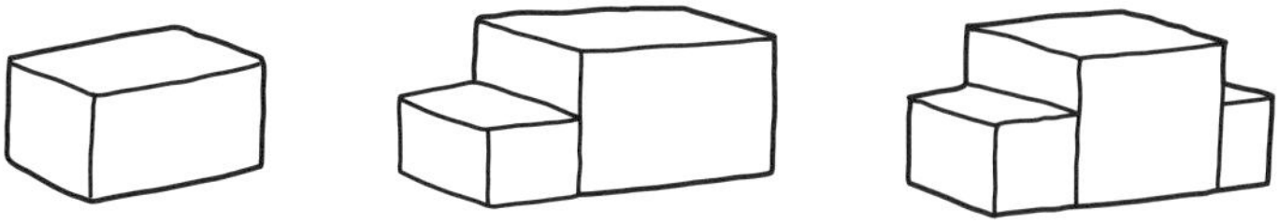

1BOX　　2BOX　　3BOX

① ワンボックスワゴン、バン
（1ボックス、1.5ボックス）

② ミニバン
（2ボックス、1.5ボックス）

③ エステートワゴン、バン（2ボックス）

④ ハッチバック（2ボックス）

⑤ セダン（3ボックス）

⑥ クーペ（2ボックス、3ボックス）

◎クルマを形状で分類する場合、「1ボックス」「2ボックス」「3ボックス」という分け方ができ、現在は2ボックスに分類されるクルマが多数派となっている
◎ユーザーの要求や衝突安全性の向上がクルマのスタイルに影響を与えている

エンジン搭載位置と駆動輪の関係

1-4　FFやFRがエンジンの搭載位置と駆動輪の関係を表すことは知っていますが、そのほかにはどのような種類があるのですか？　また、それぞれどんな特徴があるのでしょうか？

　乗用車は、現在FFが主流となっていますが、排気量の大きいクルマやスポーツタイプのモデルなどは異なる方式を採用しているので、ここでそれぞれの特徴をまとめておきます（図①〜⑤）。

（1）FF（フロントエンジン・フロントドライブ）

　ボディの前方にエンジンを搭載し、動力を伝達する部品をすべてフロントに集中させて前輪を駆動します。ハンドル操作も含めて、走るために必要な機構の大半が前輪側に集まっている方式で、客室（キャビン）空間を広く取れることがメリットですが、クルマの重量バランスが前輪側に偏るといった問題点も持っています。

（2）FR（フロントエンジン・リヤドライブ）

　前方にエンジンを搭載し、トランスミッションは前席の中間付近にレイアウトされます。回転力はプロペラシャフトで後輪まで送られた後、ディファレンシャルで左右に分配されて後輪を駆動します。FFが普及する以前の主流で、前後の重量バランスがよく、前輪はハンドル操作に特化できることが特徴です。

（3）MR（ミッドシップエンジン・リヤドライブ）

　スポーツタイプのクルマに用いられる方式で、エンジンはシートの後方、ボディの中央付近に置かれ、後輪を駆動します。重量バランスがよく、特に速いスピードで旋回する場合の操作性に優れることが特徴です。

（4）RR（リヤエンジン・リヤドライブ）

　FFの逆の考え方で、エンジン、動力を伝達する部品をリヤに集めて後輪を駆動します。重量物が駆動輪の上に集まることで、タイヤがスリップせずに駆動力がムダなく伝わるというメリットがあり、FFが主流になった現在でも、一部のスポーツ車が伝統的に採用していることで有名です。

（5）4WD（フォーホイールドライブ／4輪駆動）

　この方式は、ベースがFRなのか、FFなのかでレイアウトが違ってきます。イラストでは、乗用車で主流のFFをベースに、雪の多い地域に向けて4WD化した例（生活四駆）を示しています。逆にオフロード走行を主体に考えられた4WDは、FRをベースにして、複雑な機構を持つものが少なくありません。

エンジン搭載位置と駆動輪の関係

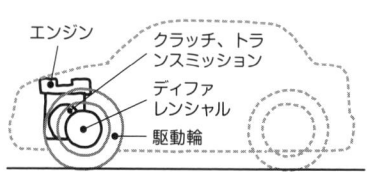

①FF(フロントエンジン・フロントドライブ)

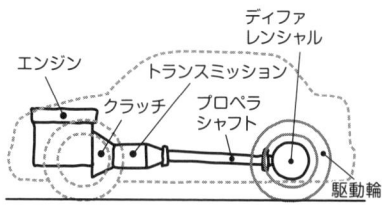

②FR(フロントエンジン・リヤドライブ)

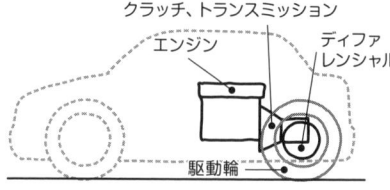

③MR(ミッドシップエンジン・リヤドライブ)

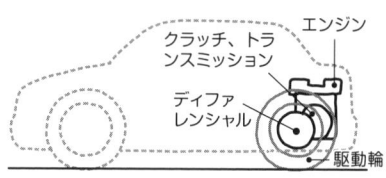

④RR(リヤエンジン・リヤドライブ)

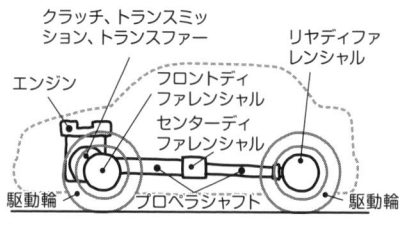

⑤4WD(フォーホイールドライブ/4輪駆動)
※FFベースの場合

掲載しているイラストはほんの一例です。エンジンやトランスミッションの搭載方法や位置関係などは、各メーカー、モデルでさまざまな方式がとられています。

◎乗用車では、車内空間を広く使えるFF方式を採用するクルマが多い
◎エンジンや駆動系の部品など、重量の大きなパーツをどのようにレイアウトするかでクルマの個性が生まれる

サイズによるクルマの分類

乗用車をボディスタイルやエンジンと駆動輪の関係によって分類できることはわかりましたが、単純に大きさによって分けることもできるのですか?

　乗用車を"大きさ"で分類するには2通りの考え方があります。1つはエンジンの大きさを、もう1つはボディサイズを基準に考える方法です。

▌エンジンの大きさは総排気量で表現する

　現在、国内で生産、販売されているクルマ(乗用車)用のエンジンで最小のものは、軽自動車に搭載されるものです。一般にエンジンの大きさは「総排気量」で表現されますが、これはエンジン内部でピストンが上下する空間の容積をピストンの数だけ合計したものです(上図、28頁参照)。

　ちなみに、軽自動車のエンジンは、ピストンを3つ備えたもの(3気筒)が多く、一般にピストン1つ当たりの排気量が220ccで、総排気量は"220cc×3＝660cc"となります(軽自動車の規格は660cc以下)。

　軽自動車より大きな乗用車に関しては、総排気量：2000ccが基準となっていて、660ccを超えて2000cc以下のクルマを小型車(5ナンバー)、2000ccより大きいものを普通車(3ナンバー)と分類しています。

▌ボディサイズは全長、全幅、全高で表す

　ボディサイズに関しては、形がどうであれ、ボディの長さ、幅、高さで表します。現在、軽自動車の規格は全長3.4m以下、全幅1.48m以下、全高2.0m以下で、小型車(5ナンバー)は全長4.7m以下、全幅1.7m以下、全高2.0m以下となっていて、それより大きいものは普通車(3ナンバー)に登録されます。軽自動車、小型車、普通車の分類はナンバープレートの違いだけでなく、税金や保険料、車検費用といった点で差がついているので注意が必要です。

　なお、ボディサイズの項目で知っておきたい用語に、「ホイールベース」「トレッド」があります。下図のようにホイールベースは前輪と後輪の中心を結んだ距離、トレッドはフロントとリヤのタイヤ幅の中心をそれぞれ結んだ距離のことをいいます。ボディサイズが似通った車種の場合、ホイールベースとトレッドが大きなクルマは、タイヤがボディの四隅に配置されることになるので、直進性や旋回時の安定性に優れるということが判断できます。

　※軽自動車、小型車、普通車の規格数値は2013年現在のものです。

第1章 自動車はどうなっているのか【導入編】

総排気量の考え方

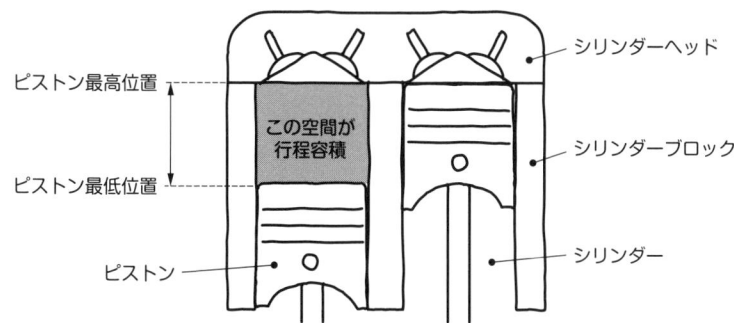

行程容積×気筒数＝総排気量
※気筒数はこの図の場合、「2」になる

車体寸法の表示

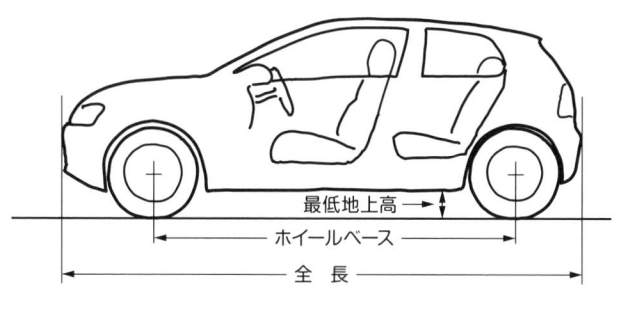

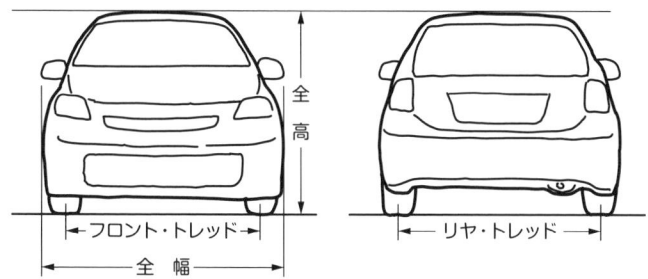

POINT
◎乗用車は、エンジンの総排気量とボディサイズで分類されている
◎ホイールベースは前輪と後輪の中心を結んだ距離、トレッドは左右のタイヤ幅の中心を結んだ距離をいう

1-6 クルマの性能を知るための用語

クルマの性能を表すとき、「トルク」や「出力」といった用語が頻繁に用いられますが、これらは具体的にエンジンが生み出す力のどの部分を表現しているのですか？

　第2章を読んだ後の方が理解しやすいとは思いますが、頻出する用語なので、導入編の最後として「トルク」「出力」について説明しておきます。

　まず「トルク」ですが、辞書には「回転軸まわりの力のモーメント」という解説がされています。上・左図を見て下さい。ナットにねじ込まれたボルトをスパナで締めつけようとしているところですが、ボルトの中心から少し離れた（距離：L）スパナのグリップに加えられた力をFとします。このとき、ボルトの中心に加わる「ボルトを回そうとする力」のことをトルクと呼んでいます。

　実際のエンジンで考えた場合、Fは混合気の爆発によってピストンに加わる力、Lはクランクシャフトの中心とコンロッドを結ぶ「クランクアーム」の長さ、ボルトの中心はクランクシャフトの中心となります（上・右図、24頁参照）。したがって、トルクを大きくするには、①爆発力を大きくするために排気量を大きくする、またはターボチャージャー（58頁参照）などの力を利用する、②クランクアームの長さを長くする（てこの原理）といった方法があります。

　カタログなどに書かれた最大トルクの数値は「kg・m/rpm」で表記されていましたが、現在は「N・m/rpm」と表記するようになりました。これはエンジンがある回転数のときに発揮するクランクシャフトを回そうとする力を表しています。

▌出力はトルクと回転数に密接に関係

　「出力」は「仕事量」を表す数値で、出力が大きいエンジンの方がより重い物を動かせ、軽い物を運ぶのならよりスピードが出るといったことを表しています。以前は出力を「馬力」と表して、「1馬力＝75kgのものを1秒間で1m持ち上げる能力」と定義していましたが、現在は「kW/rpm」という表記で表現しています。

　下図は、あるエンジンのトルクと出力を表したグラフです。見た目には両者には直接的な関係がないように見えますが、じつは出力はトルクに回転数とある係数を掛け合わせた数値とほぼ等しく、高回転までストレスなく回るほど高い出力値を発揮できるエンジンといえます。同じ排気量なら気筒数の多いエンジンの方が高回転型にしやすいため、レース用車両やスポーツカーに8気筒、12気筒といったエンジンが多く採用されています。

◎ トルクの考え方

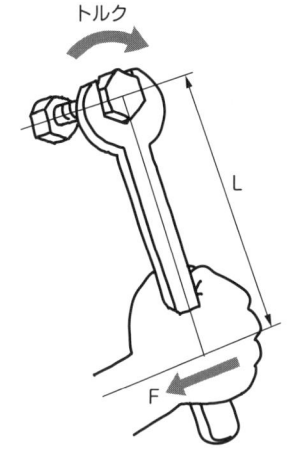

◎ 軸トルク

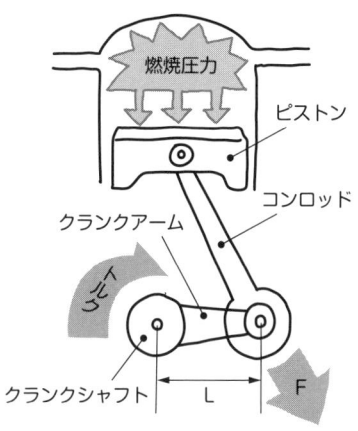

◎ エンジン性能曲線の例

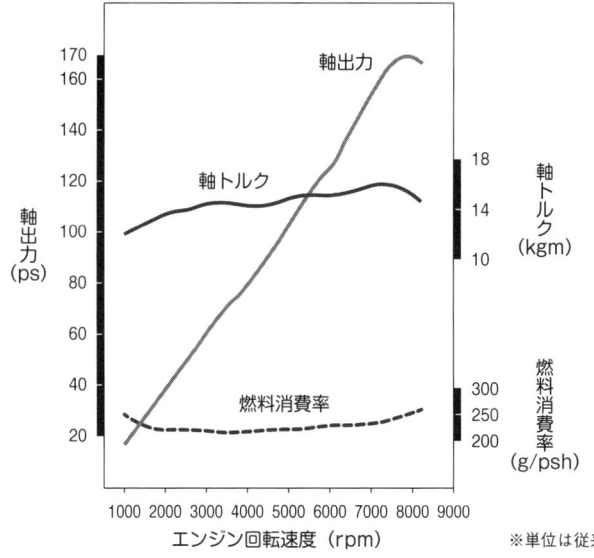

※単位は従来通り

> **POINT**
> ◎トルクはエンジンの回転力、出力はエンジンの仕事量を表す
> ◎トルクを大きくするには燃焼エネルギーを高めるか、クランクアームの長さを長くする。出力を高めるためにはエンジンを高回転型にする

COLUMN 1

日本の自動車業界を支える
軽自動車

　日本で保有される自動車（乗用車、小型・軽トラック等を含む）の数は、2005年に7500万台を超え2007年にピークを迎えました。その後徐々に減少していましたが、2012年には再び増加に転じました。その際大きく貢献したのが「軽自動車」の存在です。

　軽自動車は、日本独自の規格で作られるクルマです。長さ：3.40m、幅：1.48m、高さ：2.00m以下というサイズに、排気量660cc以下（2013年現在）のエンジンを組み合わせたこの小さなクルマは、30％台半ばのシェアを持ち、特に「軽乗用車」は毎年伸び続けています。

　軽自動車は1950年代半ばに本格的に販売され始め、その後何度も規格が変更されて拡大を続けてきました。当初、大人4人が乗車して長距離を走ることはかなり困難でしたが、現在では、室内幅はともかく長さにおいては目を見張るほどの余裕を持つモデルが登場し、動力性能でもターボ仕様は言うに及ばず、自然吸気エンジンの性能も大きく向上しています。また、車体の軽量化、エンジンやCVT（112頁参照）の改良、アイドリングストップ技術（80頁参照）などを組み合わせて、ガソリンエンジン車ながらハイブリッドカーに匹敵する"リッター30km"に達する低燃費を誇るモデルも登場するなど、以前のように「運転が楽で安いけれど我慢を強いられるクルマ」とは言えなくなっています。

　現在、日本を走る全自動車の3台に1台が軽自動車で、地方都市では50％を超えるところも多く、生活の足として欠かせない存在となっています。スズキやダイハツなど軽自動車をメインに製造・販売しているメーカーだけでなく、ホンダや三菱もこれまで以上に軽自動車に力を注いでおり、トヨタや日産もOEMながら軽自動車を販売するようになっています。

　これまで、日本独自の技術と言われてきた軽自動車ですが、新興国向けとして軽自動車で培った技術を利用したモデルの開発も進んでおり、まさに日本の自動車業界は軽自動車抜きには語れない状況となっています。

第2章

「力」を生み出す
【エンジン編】

The chapter of engine

1. 「力」を作り出すエンジンの中心部

1-1 乗用車用エンジンの種類と特徴

自動車の動力源がガソリンや軽油を燃料とする「エンジン」であることは知っていますが、現在、乗用車に搭載されているエンジンにはどのような種類のものがあるのですか？

現在、乗用車に搭載されているエンジンは、「ガソリンエンジン」と「ディーゼルエンジン」の2タイプに大別されます（上図）。

そして、その2タイプに共通するのは、①ガソリンおよび軽油を燃料として燃焼（爆発）させ、②そのエネルギーでピストンを押し下げて、③回転力として取り出すレシプロ型エンジンだという点です。

自動車の歴史から考えると17世紀後半から18世紀にかけて、蒸気機関車と同じ考え方のボイラーを持つ蒸気自動車が開発されました。蒸気機関は「外燃機関」とも呼ばれ、ボイラーで生み出した蒸気の圧力を利用してピストンを動かし、機械的なエネルギーとして取り出すものでした。

しかし、蒸気機関車と同様、始動準備に時間がかかるうえに給水の手間が必要な蒸気自動車は、現在のガソリンエンジンに代表される「内燃機関」が進歩するにつれて、19世紀初頭以降歴史から姿を消していきました。

▮社会情勢に応じて進化してきた4サイクルレシプロエンジン

現在、わが国のクルマ、特に乗用車用のエンジンは「4サイクルガソリンレシプロエンジン」が主流です。

これは注射器の外筒（シリンダー）と内部で上下に動くピストンのようなパーツで構成されています。ピストンとシリンダーが作る空間にガソリンと空気の混合気（混合ガス）を注入し、そこからピストンを押し込んで圧縮した後、火をつけて爆発させ、ピストンを急激に押し出すことによって機械的なエネルギーを得ています。なぜ、4サイクルと呼ぶかは次項で説明しますが、「レシプロ」とはこのピストンが上下に往復して動くタイプのエンジンのことをいいます（下図）。

レシプロエンジンでは、最近までバイクに多用されていた2サイクル（ストローク）レシプロエンジンが、また、レシプロタイプ以外ではおにぎりの形に似たローターがエンジンの中で回転しながらガソリンを燃焼させて力を取り出す「ロータリーエンジン」が使用されていましたが、燃焼ガスを完全密閉しにくい構造から、昨今のCO_2排出規制や燃費の低減といった社会の要請によって厳しい状況になりつつあります。

第2章 「力」を生み出す【エンジン編】

ガソリンエンジンとディーゼルエンジン

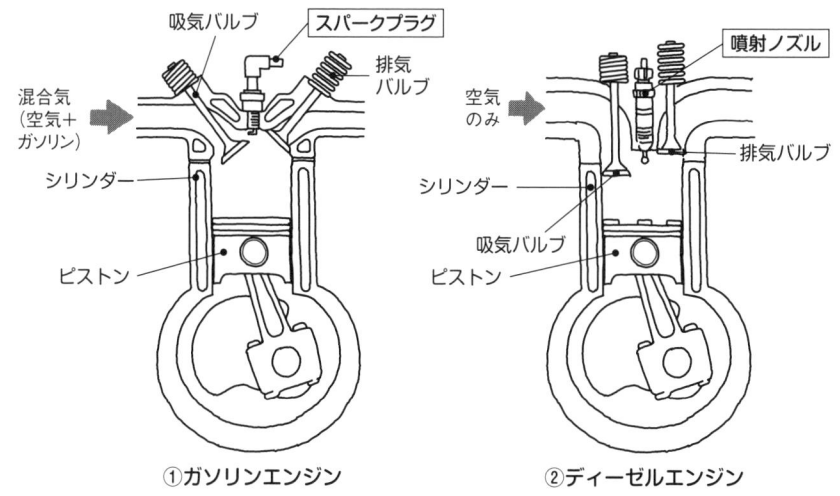

①ガソリンエンジン　②ディーゼルエンジン

レシプロエンジン

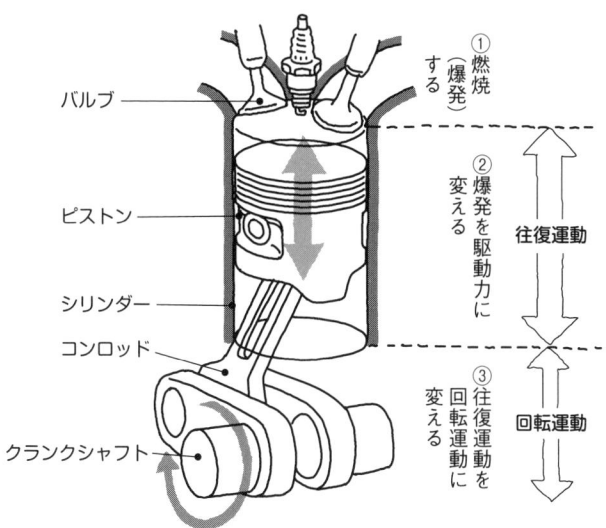

POINT
- ◎現在の乗用車に用いられているのは4サイクルレシプロエンジン
- ◎4サイクルレシプロエンジンにはガソリンとディーゼルの2タイプがある
- ◎レシプロエンジンはピストンがシリンダーの中を往復運動する

025

4サイクルエンジンの動き

ガソリンエンジンとディーゼルエンジンは、正式には「4サイクルガソリンレシプロエンジン」「4サイクルディーゼルレシプロエンジン」と呼ぶそうですが、この「4サイクル」にはどんな意味があるのですか？

　エンジンが大きな力を発揮するためには、シリンダーの中でピストンがもっとも上昇したとき、その上にできる空間（燃焼室、34頁参照）で、圧縮した燃料と空気をタイミングよく燃焼（爆発）させる必要があります。その際、燃焼室は完全に密閉されていることが重要で、ピストンとシリンダーの間や空気と燃料の取り入れ口などにわずかでも隙間があると、せっかく発生させた爆発エネルギーがすり抜けて、その分ムダになってしまうのです。

　このように、①燃料を燃焼させるために燃焼室を完全密閉し、爆発力でピストンを押し下げて運動エネルギーを生み出し、②ピストンが上昇することで排気ガスを押し出し、③ピストンが下降する際に混合気（燃料と空気）を吸い込み、④次の爆発に備えて混合気を圧縮する、といった4つの行程を作り出すように考えられたのが4サイクル（4ストロークともいう）エンジンで、「サイクル、ストローク」には周期や行程といった意味があります（上図）。

　また、前項で述べたように、「レシプロ」はピストンがシリンダー内を往復運動するエンジンのことをいい、異なる方式としてロータリーエンジンや、航空機などに用いられているガスタービンエンジンなどがあります。

◾️4つのサイクル(行程)

　4サイクルガソリンエンジンの基本的な4つの動きを詳しく見ると次のようになります（下図）。

①吸入行程：吸気バルブ（弁）が開き、ピストンの下降によって発生する負圧で混合気を吸い込む。

②圧縮行程：下がりきったピストンが上昇し、混合気を圧縮し始める。この際、バルブは閉じられている。

③燃焼行程：ピストンが上昇しきった（もっとも圧縮された）状態で火花を飛ばして混合気に点火し、ピストンを押し下げる。

④排気行程：爆発力で押し下げられたピストンがその余力で上昇し、排気ガスを押し出す。この際、排気バルブが開放される。

第2章 「力」を生み出す【エンジン編】

4サイクルエンジンの行程

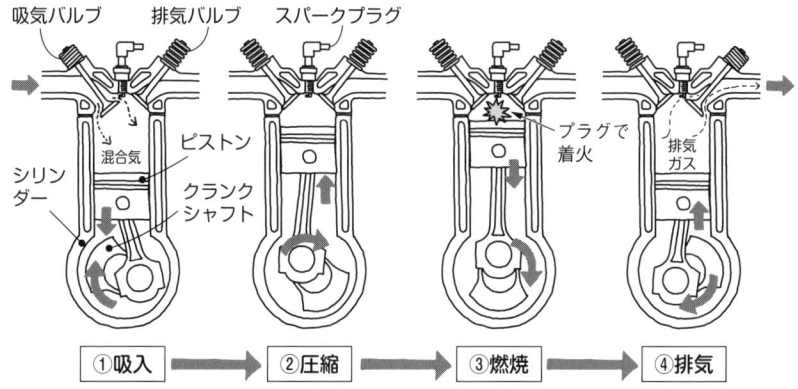

4サイクルエンジンの各行程の概念図

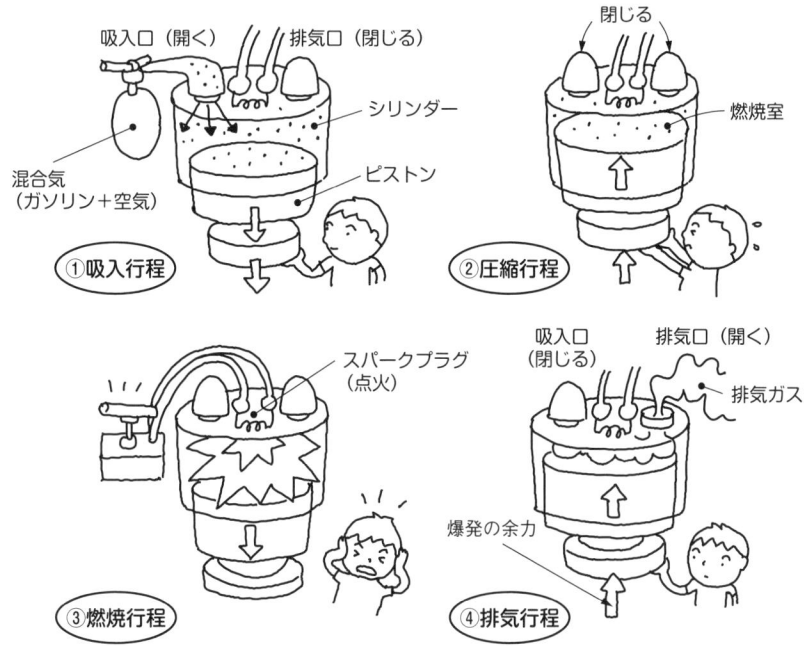

POINT

◎4サイクルエンジンは、シリンダー内部で往復運動するピストンと、タイミングに応じて開閉する吸気バルブ、排気バルブの動きによって「吸入」「圧縮」「燃焼(爆発)」「排気」の4つの状況を作り出す

1-3 乗用車の種類に応じたエンジン

日本では、全長3mそこそこの軽自動車から5mを超えるビッグサイズのものまで、多種多様な乗用車が販売されています。これらを動かしているエンジンにはどのような種類と特徴があるのですか？

　ガソリンエンジンは、搭載されるクルマの特徴に合わせて多くの種類があり、その特徴も複雑です。そこでまず大分類ともいえる「排気量」「気筒数」「シリンダー配列」について見てみます。

（1）排気量・総排気量

　エンジンの大きさを表す用語が「排気量」や「総排気量」です。通常「○cc」や「○L」といった単位で表現されます。シリンダーの中でピストンが往復することによってできる空間の容積（排気量）に、搭載されているシリンダーの数を掛けたものが総排気量となります。日本では軽自動車の総排気量が約660ccともっとも小さく、大きいものでは5000ccクラスの乗用車が市販されています（上図）。

（2）気筒数

　シリンダーの数を指します。同じ総排気量のエンジンでも気筒数が違うと、エンジンの性格、特に力の発生具合が異なってきます。例えば同じ1800ccのエンジンでも、3気筒なら1シリンダー当たりの排気量は600cc、4気筒なら450cc、6気筒なら300ccとなります。一概には言えませんが、各シリンダーの排気量が小さいと1回当たりの爆発力が小さくなり、スムーズに高回転まで回ると考えられます。実際には、軽自動車で3気筒、5000ccのビッグサイズで8気筒程度が採用されています。また、ピストンとシリンダーの関係でもエンジンの性格が異なります（中図）。

（3）シリンダー配列

　各シリンダーがどのように配列されているかをいいます。シリンダーが直線上に並んだタイプを「直列エンジン」と呼び、3、4気筒エンジンの多くがこの配列を採用しています。偶数のシリンダーを持つエンジンの中で左右同数を対向するように配列したものを「水平対向エンジン」と呼び、ある角度を付けて左右に振り分けたものを「V型エンジン」と呼んでいます。一般的に総排気量が大きくなるにつれ、エンジンの全長と高さを抑えるためにシリンダーを左右に分けたV型や水平対向が用いられているようです（下図）。

　このようにエンジンは、搭載される自動車の大きさや必要とされるパワー、エンジンルームの広さや高さなどの特徴に応じてさまざまな種類が用いられています。

第2章 「力」を生み出す【エンジン編】

総排気量とは

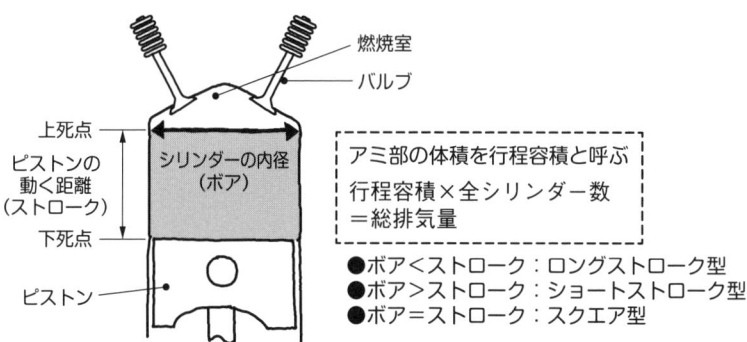

アミ部の体積を行程容積と呼ぶ
行程容積×全シリンダー数
＝総排気量

- ボア＜ストローク：ロングストローク型
- ボア＞ストローク：ショートストローク型
- ボア＝ストローク：スクエア型

ピストンとシリンダーの関係によるエンジンの性格

①ロングストローク型　　②ショートストローク型　　③スクエア型

 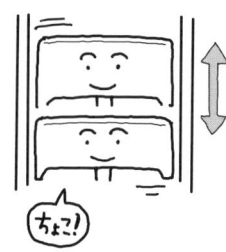 

運動距離が長いので
あまり速くは動けない

ストローク量が小さいので
高回転エンジン向き

両者の中間くらい…

シリンダーの数と配列

①直列4気筒　　②水平対向4気筒　　③V型6気筒

POINT
- ◎エンジンは、排気量、気筒数、シリンダー配列などで分類される
- ◎同じ排気量を有するエンジンでも、気筒数やシリンダー配列が違うと異なった性格や特徴を持つ

4サイクルエンジンの基本構成

最近はボンネットを開けても、数多くの付属品やカバーがあってエンジン本体が見えないクルマが多くなっています。4サイクルガソリンエンジンの主な構成はどうなっているのですか？

　エンジンに関係する部品は非常に多く、最近の乗用車ではエンジンルームを上から見ても、エンジン本体を確認するのが難しくなっています。そこで、付属品や関連部品はひとまずおいて、エンジン本体を構成する中心部品「シリンダーヘッド」と「シリンダーブロック」について説明します。

◪シリンダーヘッド（上図）

　エンジンの一番上にある「カムカバー」を外すと、下に見えるのが「シリンダーヘッド」です。シリンダーヘッドは軽いアルミ合金でできています。上部にはシリンダー内に燃料と空気の混合気（混合ガス）を導いたり、排気ガスをはき出すときの扉となる「バルブ」と、それを動かす「カムシャフト」を含む「バルブシステム」が、また混合気に火花を飛ばす「スパークプラグ」などの部品が装着されています。

　シリンダーヘッドの下側に作られた"くぼみ"と、ピストンがもっとも上昇したときにピストンの上面とが形成する空間を「燃焼室」（34頁参照）と呼んでいます。

◪シリンダーブロック

　「シリンダーブロック」にはシリンダーがいくつか並べられています。このシリンダーに挿入されたピストンが混合気の爆発力で押し下げられますが、同時にシリンダーの壁面やピストンとの隙間にも大きな圧力を加えます。そのため、シリンダーブロックには爆発によって生じる圧力と熱に耐えうるだけの強度が必要です。以前は強度の高い鋳鉄製のブロックが一般的でしたが、クルマ全体を軽量化する目的で、現在は軽いアルミ合金製のブロックが主流で、シリンダー内面を鉄製のライナー（シリンダーライナー）で補強しています（下・左図）。

　「ピストン」はアルミ合金製のものがほとんどで、その外周にはシリンダーとの密着を高める目的で複数の「ピストンリング」が装着されています。ピストンリングには爆発時のガスがすり抜けないようする「コンプレッションリング」と、シリンダーとピストンの滑りをよくするためのオイルが燃焼室に入り込むのを防ぐ「オイルリング」があります（下・右図）。

　また、ピストンには次項で説明する「コンロッド」と「クランクシャフト」がつながっており、ピストンの往復運動を回転運動に変換しています。

第2章 「力」を生み出す【エンジン編】

4サイクルエンジンを構成する主なパーツ

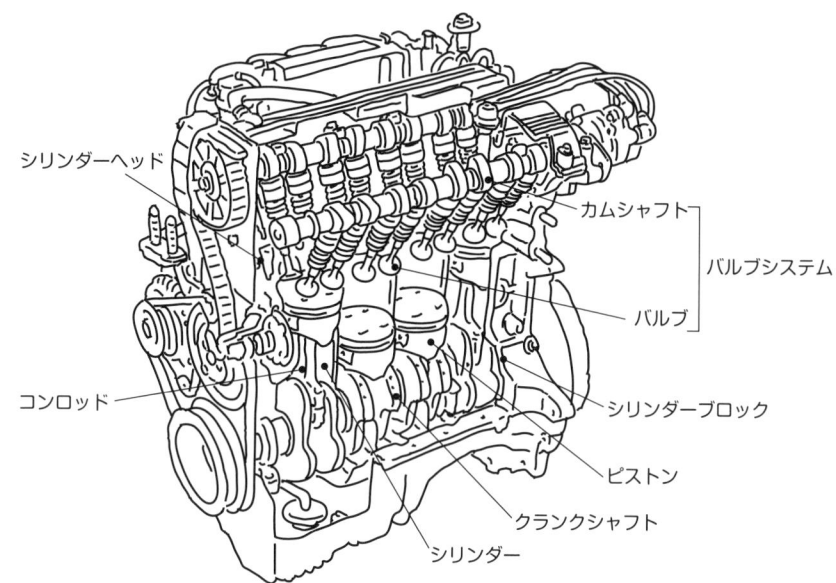

シリンダーブロック

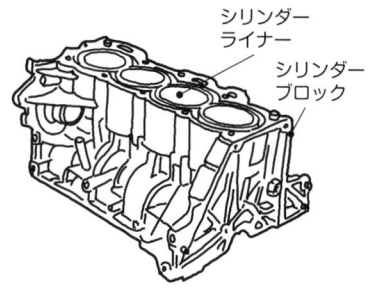

ピストンリングの仕事

コンプレッションリング、オイルリングにはそれぞれの役目がある

POINT
◎4サイクルエンジンの基本構成部品はシリンダーヘッドとシリンダーブロック
◎シリンダーヘッドにはバルブシステムが装着されていて、シリンダー内部との通路を開閉する

1-5 往復運動→回転運動の変換

シリンダーの中にはめ込まれているピストンが往復運動することについてはわかりましたが、この力を使ってタイヤを回すためには回転運動に変える必要があるのではないですか？

確かにシリンダー内にほんのわずかな隙間を空けて挿入されているピストンは、往復運動するだけで回転運動はしません。しかし、ピストンに取り付けられている「コンロッド」とその先にある「クランクシャフト」の働きによって、ピストンの往復運動は回転運動に変換されています。こういった動きをするエンジンのことを、前に述べたようにレシプロエンジンと呼んでいるのです（上図）。

■コンロッドとクランクシャフトの役割

前項で見たように、横から見たピストンの中央には穴が開けられていて、ピストンピンと呼ばれるパイプが挿入されています。コンロッドはそのパイプでピストンの内側とつながるようにセットされており、ピストンを持ち上げると下端が振り子のように動きます。

一方クランクシャフトは、ピストンと反対側（下側）でコンロッドとつながっていて、すべてのシリンダーに挿入された各ピストンとそれぞれのコンロッドを介して結びついています。

コンロッドはピストンが受けた爆発力が加わっても耐えられるように強度の高いI字断面をしています。同様に、クランクシャフトも分厚い鋳鉄が用いられるほか、エンジンの回転をスムーズにする目的で慣性力を高める"バランスウエイト"が設けられています。

それぞれの接合部には動きがスムーズになるようにベアリング（メタル）がはめ込まれるとともに、内部にオイルが通るようになっています（中図）。

■往復運動が回転運動に変換されるしくみ

では、ピストンの直線的な動きがどうして回転運動になるのかを説明します。下図を見て下さい。

自転車と人のイラストで、ひざがピストン、すねがコンロッド、ペダルとクランクがクランクシャフトと考えていただければわかりやすいと思います。ひざの往復運動がチェーンのかかった前側のギヤではしっかりと回転運動に変わっています。自転車のクランクはエンジンのクランクシャフトと同じ名称ですので基本的にその働きも同様です。

第2章 「力」を生み出す【エンジン編】

ピストン、コンロッド、クランクシャフトの関係

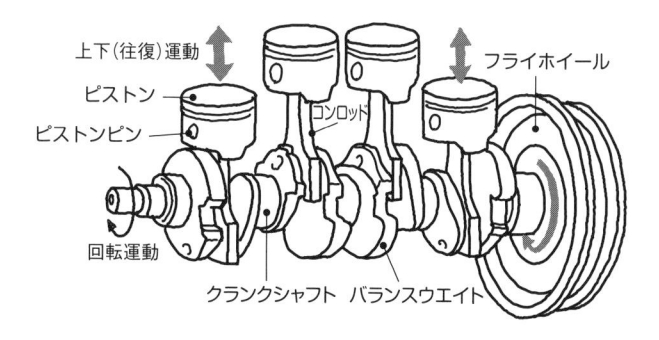

- 上下(往復)運動
- ピストン
- ピストンピン
- コンロッド
- フライホイール
- 回転運動
- クランクシャフト
- バランスウエイト

コンロッドの構造

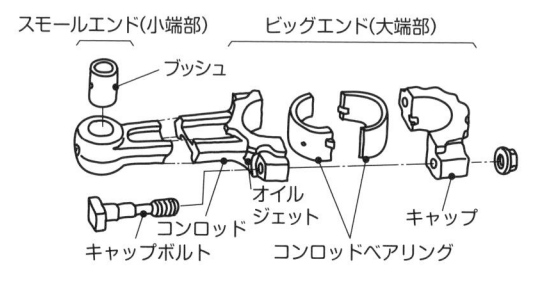

- スモールエンド(小端部)
- ビッグエンド(大端部)
- ブッシュ
- キャップボルト
- コンロッド
- オイルジェット
- コンロッドベアリング
- キャップ

直線運動を回転運動に変換するしくみ

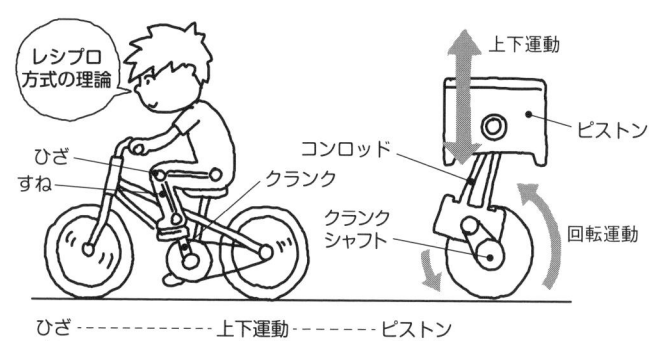

レシプロ方式の理論

- ひざ
- すね
- クランク
- コンロッド
- クランクシャフト
- 上下運動
- ピストン
- 回転運動

ひざ ------------ 上下運動 ------- ピストン
すね -------- 上下+回転運動 ----- コンロッド
足首(ペダル)----- 回転運動 ----- クランクシャフト …に相当する

POINT
- ◎コンロッドは強力なI字鋼でできている
- ◎クランクシャフトはすべてのピストン、コンロッドとつながっている
- ◎コンロッド+クランクシャフトでピストンの往復運動は回転運動に変わる

1-6 シリンダーヘッドと燃焼室

エンジンに使用されるパーツを調べても、「燃焼室」という名の部品はありません。混合気から爆発エネルギーを生み出す燃焼室の役割と特徴はどのようなものですか？

すでに説明しましたが、「燃焼室」はピストン上面とシリンダーヘッドの間に作られたヘコミによって形成される空間のことをいいます。ちょうど床がピストンの頭、壁と天井がシリンダーヘッドでできている部屋と考えていいでしょう。

天井には、混合気を呼び込むための「吸気バルブ」と、燃えかすである排気ガスを押し出すための「排気バルブ」が、また、圧縮した混合気に火花を飛ばして燃焼させる「スパークプラグ」などが取り付けられています（上図）。

◼ 燃焼室の形状と特徴

燃焼室、特に天井の形状は、混合気の圧縮具合（圧縮比：後述）はもちろん、点火後の炎の広がり方（火炎伝播）に影響し、混合気の燃焼によって生み出すパワーや燃費に大きく関わっています。近年、次のような形状が普及しています（中図）。

① ペントルーフ型：1つの燃焼室に吸気×2、排気×2といった複数のバルブを持つエンジンが当たり前になったことから、天井の中心にスパークプラグを設置するのに適した構造で、火炎の伝達も比較的均一であることが特徴。

② クサビ型：燃焼室を横から見た際、クサビの形状をしている。ピストンの上昇によって圧縮された混合気が、クサビの狭い方から広い方へ押し出されて渦を形成（過流）し、火炎の伝達を促進する。

③ 多球型：いくつかの球を組み合わせた形状。球状のためバルブを大きくできるほか、ピストンの上昇によって内部の空間に沿って渦ができ、燃焼が促進される。

◼ 燃焼室と圧縮比の関係

「圧縮比」とは、燃焼室の容積にシリンダーの容積を足したものを燃焼室の容積で割った数値です。簡単にいえば、吸入された空気（混合気）がピストンがもっとも上昇した時点でどの程度圧縮されたかを表現しています（下図）。

パワーを出すためにはこの数値を上げることが必要ですが、高ければよいというわけではなく、やりすぎると異常燃焼（デトネーション）で自然発火の原因となり、エンジンはノッキング（キンキンと異常音を発する）を起こしてしまいます（44頁参照）。以前は圧縮比10以下のものが多かったのですが、エンジンのコンピューター制御が当たり前になり、近年は11を超えるものが増えてきています。

第2章 「力」を生み出す【エンジン編】

燃焼室とは

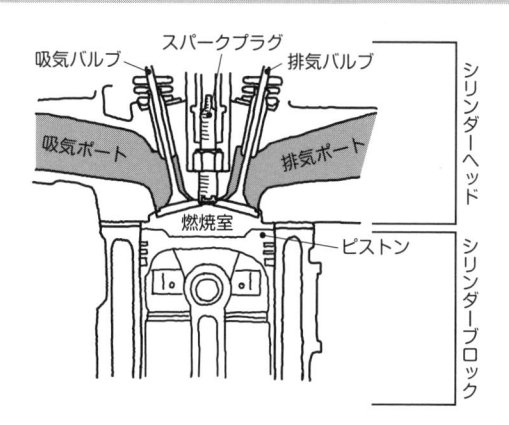

吸気バルブ／スパークプラグ／排気バルブ
吸気ポート／排気ポート
燃焼室／ピストン
シリンダーヘッド／シリンダーブロック

いろいろな燃焼室

バルブ

①ペントルーフ型　②クサビ型　③多球型

圧縮比とは

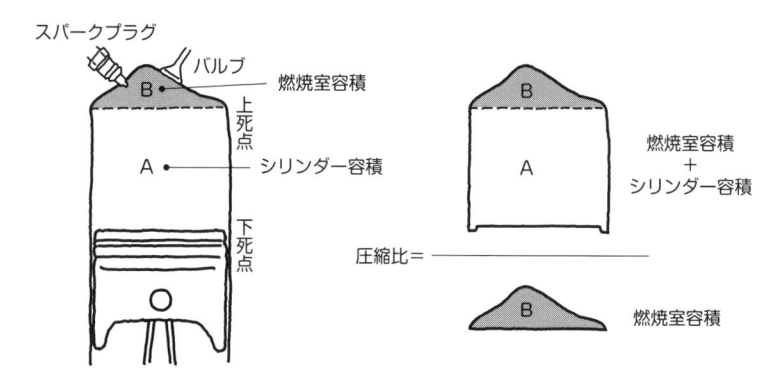

スパークプラグ／バルブ
燃焼室容積
上死点
A　シリンダー容積
下死点

$$圧縮比 = \frac{燃焼室容積 + シリンダー容積}{燃焼室容積}$$

POINT
- 燃焼室はシリンダーヘッドとピストンの上面で形成される
- 燃焼室は混合気の燃焼に大きな影響を与え、パワー、燃費などを左右する
- 圧縮比はパワーのためには高くする必要があるが、高すぎると異常の原因となる

1-7 バルブシステムの役割

燃焼室には、混合気を導き、燃焼後の排気ガスを放出するために2種類の弁（バルブ）が装着されていますが、高速で回転するエンジンで、バルブの開け閉めは大丈夫なのですか？

レシプロエンジンの場合、ピストンが吸入、圧縮、燃焼（爆発）、排気の4行程を経るためには、シリンダー内を2往復することが必要です。つまり、エンジン（クランクシャフト）2回転で1回の燃焼エネルギーの取り出しが行われるのです（上図）。

例えばエンジンが6000rpm（revolutions per minute＝毎分回転数）で回っている場合、吸気、排気の両バルブは、1分間に回転数の2分の1となる3000回も開け閉めされていることになります。1秒間で50回ですから、まさに超高速です。

一般の乗用車向けエンジンでも、最高で1分間に7000回転を超えるものがありますから、バルブとその開閉機構には強度、耐久性、正確な動きが求められます。

■バルブの構造

バルブの形は、ちょうど傘が開ききったキノコに似ており、柄は燃焼室側からシリンダーヘッドに差し込まれています。傘の裏側の外周部分を「バルブフェース」と呼び、この部分がシリンダーヘッド側に装着されたリング状の「バルブシート」と密着してバルブを閉めた状態を作り出します（中・左図、中・右図）。

シリンダーヘッドの上に突き出た柄の部分には「バルブスプリング」が装着されていて、バルブを上方向に強い力で引き上げるように働いています。このスプリングの力で「フェース」と「シート」部分は強く密着し、さらに燃焼時の圧力で押し上げられることで燃焼室内の機密を保っているのです。

なお、バルブスプリングは内外の二重構造をしていて、それぞれが持つ固有振動数が異なるようになっています。このため、どちらかが共振するような振動を繰り返しても破壊しないようになっています（サージング〈バルブの動きが異常になること〉の防止）。

■バルブ開閉のしくみ

さて、スプリングの強い力でシリンダーヘッド側に押しつけ（押し上げ）られているバルブを開くには、どうすればいいのでしょうか。それには、柄の部分を上から押し下げてスプリングを縮め、「フェース」と「シート」の間に隙間を作ります（下図）。その働きをする部品が「カム」であり、バルブとカムを含めたシステムを「バルブ開閉機構」「バルブシステム」と呼んでいます。

第2章 「力」を生み出す【エンジン編】

4サイクルエンジンの各行程とバルブの働き

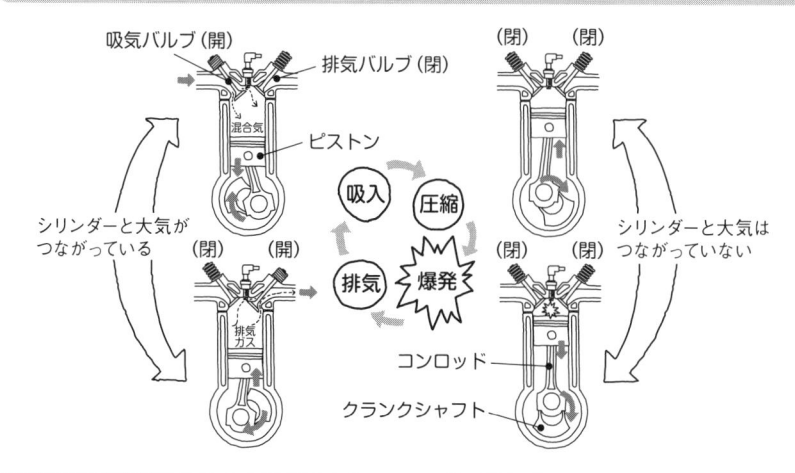

吸気バルブ(開)　排気バルブ(閉)　(閉)　(閉)
混合気
ピストン

吸入　圧縮
排気　爆発

シリンダーと大気が　　　　　　　　　　シリンダーと大気は
つながっている　　　　　　　　　　　　つながっていない

(閉)　(開)
排気ガス

コンロッド
クランクシャフト

バルブの構造

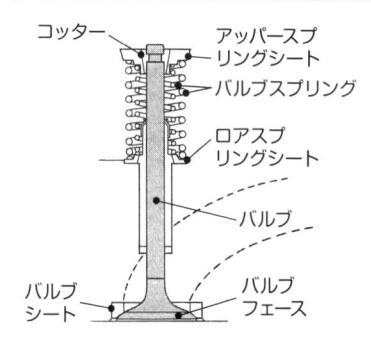

コッター　　アッパースプリングシート
　　　　　　バルブスプリング
　　　　　　ロアスプリングシート
　　　　　　バルブ
バルブシート　バルブフェース

バルブの挿入

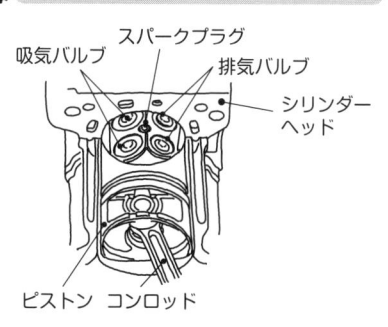

スパークプラグ
吸気バルブ　　排気バルブ
シリンダーヘッド
ピストン　コンロッド

バルブ開閉のしくみ

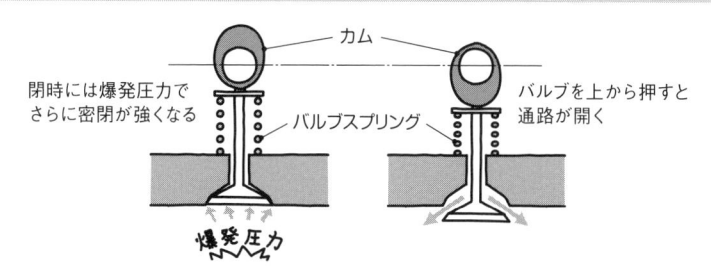

カム
閉時には爆発圧力で　　　　　　　　　　　バルブを上から押すと
さらに密閉が強くなる　　バルブスプリング　通路が開く

爆発圧力

POINT
- ピストン2往復で吸入、圧縮、燃焼(爆発)、排気のサイクルが行われる
- バルブはシリンダーヘッドの下から挿入され燃焼室の気密を保っている
- バルブ、カムをタイミングよく動かすシステムをバルブ開閉機構と呼ぶ

1-8 カムシャフトとバルブタイミング

前項の最後に、バルブシステムを構成するものとしてカムが出てきましたが、そもそもカムとは何なのですか？ また、カムの動きとエンジンの回転はどのように連動しているのでしょうか？

前項で少しだけ登場した「カム」は、横から見るとちょうどゆで卵を縦に割ったような形をした部品です。カムは吸気、排気それぞれのバルブの数だけ用意されていて、すべてが一直線に並ぶタイプと吸排気で分けられて並ぶタイプがあります（40頁参照）。カムが並んだ棒を「カムシャフト」と呼びますが、このシャフトは、クランクシャフトと「タイミングチェーン」や「タイミングベルト（コグベルト）」を介して結ばれています（上図）。

クランクシャフトはピストンの往復運動に連動して回転していたことを思い出してください（36頁参照）。このクランクシャフトと滑りのないチェーンやギヤのような溝を持ったベルトで連結されているカムシャフトは、クランクシャフトの回転、すなわちピストンの往復運動とダイレクトにつながって回ることになります。

■カムシャフトの回転とピストンの動き

ここで、ピストンの動きとカム及びバルブの動きをイラストで見ることにします（中図）。

①吸入行程：ピストンは上死点（往復運動のもっとも上の位置）から下死点（同じくもっとも下の位置）に動く。この際、吸気バルブがカムによって押し下げられ、隙間が開いて混合気をシリンダー内に吸い込む。

②圧縮行程：ピストンは下死点から上死点に動く。吸気バルブはカムに押されなくなり閉じる。ピストンの上昇により混合気が圧縮されてバルブはさらにシリンダーヘッドに密着する。

③燃焼（爆発）行程：ピストンの上死点で混合気が爆発し、勢いよく押し下げられる。この際、吸・排両バルブは完全に閉じられて爆発力を逃がさないようにする。

④排気行程：ピストンは下死点から上死点に動く。この際、排気バルブがカムによって押し下げられて開き、燃焼（排気）ガスが大気に向けて放出される。

下図は、エンジンの状態とバルブの開閉状態を示した「バルブタイミングダイヤグラム」と呼ばれるものです。これを見ると「吸入」のはじめにはまだ「排気」が続いていることがわかります。この状態を「バルブオーバーラップ」といいますが、燃焼室に残った排気ガスの一部を吸入の勢いで押し出す働きをしているのです。

第2章「力」を生み出す【エンジン編】

バルブシステムの構成

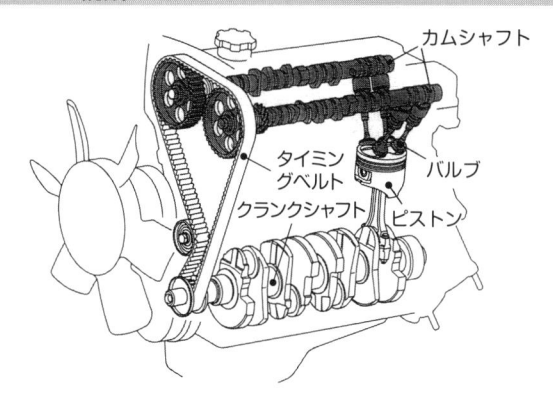

カムシャフト
タイミングベルト
クランクシャフト
バルブ
ピストン

4サイクルエンジンの4行程とバルブの動き

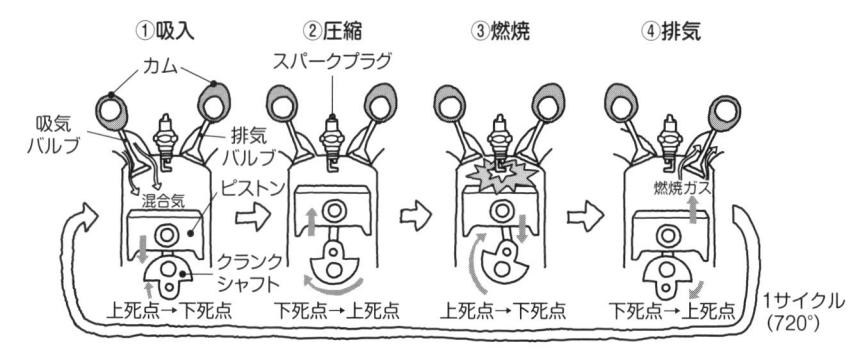

①吸入　②圧縮　③燃焼　④排気

カム
吸気バルブ
排気バルブ
スパークプラグ
混合気
ピストン
クランクシャフト
燃焼ガス

上死点→下死点　下死点→上死点　上死点→下死点　下死点→上死点

1サイクル（720°）

バルブタイミングダイヤグラム

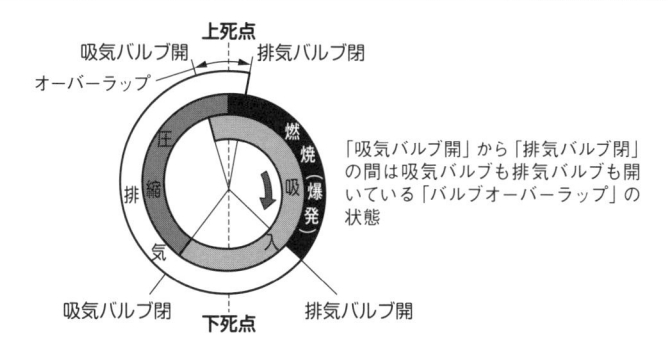

上死点
吸気バルブ開　排気バルブ閉
オーバーラップ
圧縮
排気
燃焼（爆発）
吸入
吸気バルブ閉　排気バルブ開
下死点

「吸気バルブ開」から「排気バルブ閉」の間は吸気バルブも排気バルブも開いている「バルブオーバーラップ」の状態

POINT
- ◎カムシャフトの動きはピストンの動きと完全にリンクしている
- ◎吸排気バルブの開閉は4サイクルエンジンの4行程に合わせて行われる
- ◎吸気・排気の両バルブが開いている間をバルブオーバーラップと呼ぶ

1-9 バルブシステムの種類

前項で、カムが一直線に並ぶタイプと吸排気で分けられて並ぶタイプがあるとありましたが、バルブシステムにはどんな種類があって、それぞれの特徴はどうなっているのですか？

4サイクルエンジンの1つのシリンダーには、「吸気バルブ」と「排気バルブ」の最低2本のバルブが必要です。そして、この2本に共通して求められるのは、開いたときには瞬時にできるだけ多くのガスを通過させ、閉じたときには完全に燃焼室を密閉する性能です。上図は、バルブの数によってバルブが開いたときの開口部面積がどれだけ違うかを示しています。最低限の2本に比べ、3本では吸気の面積が広がり、4本では吸気・排気ともに大きくなることがわかります。

このようにバルブを複数（マルチバルブ）化することで、混合気を大量に吸い込み、排気ガスを効率よく吐き出すことができ、またそれぞれのバルブ単体は小さく軽量化が可能で、より高速回転に適したバルブシステムとなります。

◢ バルブシステムの種類

（1）DOHC（ダブル・オーバーヘッド・カムシャフト）

39頁上図のように吸気×2、排気×2のバルブを2本のカムシャフトで開閉します。バルブの上にカムシャフトがあることでオーバーヘッド・カムシャフト方式と呼び、バルブは一般的にカムで直接押されます（下図①）。カムシャフトはチェーンやベルトを介してクランクシャフトで駆動されます。DOHCエンジンは、スポーツカー向けとして発達したものですが、この方式が排出ガスの削減や燃費を向上させる技術にもつながることから、最近は軽自動車を含む大半の乗用車が採用しています。

（2）OHC（オーバーヘッド・カムシャフト）

通常、吸気×1、排気×1のバルブを1本のカムシャフトで開閉します。カムシャフトはバルブの上に置かれますが、2種類のバルブを開閉するため、カムの動きは「ロッカーアーム」を介してバルブに伝わるようになっています。バリエーションとして、バルブを複数化したものもあります（中・左図、下図②）。

（3）OHV（オーバーヘッド・バルブ）

米国車や2輪車にはまだ採用されています。カムシャフトはクランクシャフト付近に置かれ、カムの動きは「プッシュロッド」〜「ロッカーアーム」を経てバルブに伝わります。この介在する2つの部品が熱によって膨張し、正確な開閉タイミングを設定しにくいという理由から、日本では採用されなくなりました（中・右図、下図③）。

第2章 「力」を生み出す【エンジン編】

バルブの複数(マルチバルブ)化

①2バルブの場合 — 吸気バルブ／排気バルブ

②3バルブの場合 — 吸気バルブ／吸気バルブ／排気バルブ

③4バルブの場合 — 吸気バルブ／排気バルブ／吸気バルブ／排気バルブ

●はプラグの位置

OHC方式

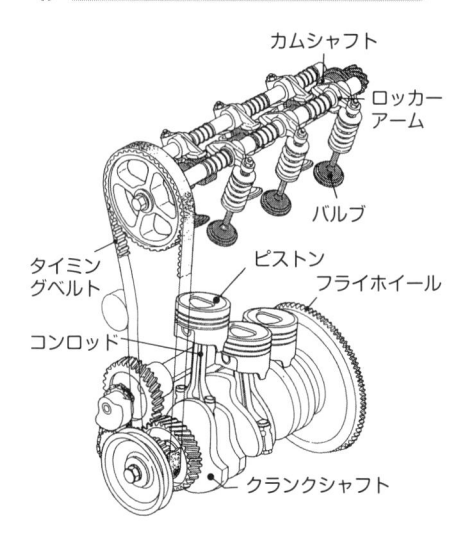

カムシャフト／ロッカーアーム／バルブ／タイミングベルト／ピストン／フライホイール／コンロッド／クランクシャフト

OHV方式

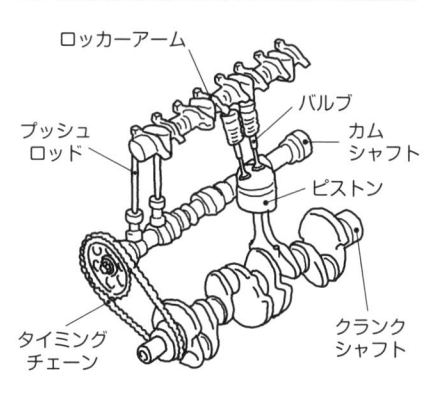

ロッカーアーム／プッシュロッド／バルブ／カムシャフト／ピストン／タイミングチェーン／クランクシャフト

バルブシステムの種類

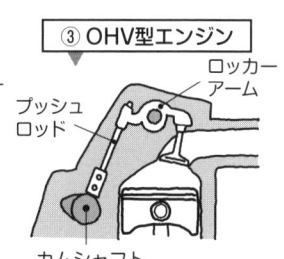

①DOHC型エンジン — カムシャフト

②OHC型エンジン — ロッカーアーム／カムシャフト

③OHV型エンジン — ロッカーアーム／プッシュロッド／カムシャフト

POINT
- ◎マルチバルブ化により多くの混合気を吸入し、排気ガスを効率的に送り出せる
- ◎マルチバルブ化によりバルブが小型・軽量になり、高回転にも対応できる
- ◎DOHCとOHCはカムシャフトがバルブの上に置かれる

1-10 進化したバルブシステム

ここ10～20年ほどの間に、同じ排気量でも燃費が5～10km/Lほど向上していて、パワーもアップしていると聞きます。バルブシステム関係ではどんなところが進化しているのですか？

　最近のクルマの燃費やパワーが向上しているのは、クルマ全体の軽量化やコンピューターによる制御が徹底されたことが大きな要因ですが、バルブシステムも間違いなく進化し、より精度が上がって複雑化しています。

◤カムの形状とリフト量

　難しいシステムの説明の前に、カムの形状（プロフィール）によるバルブの動きの差について理解しましょう。カムは上図のような形状をしており、カムの長径から短径を引いたものを「カムリフト量」と呼びます。カムが回転することでバルブはこのリフト量分だけ押し下げられるのですが、カムの形状によってこのリフト量に差が出ることがわかります。

　エンジンが高回転しているときに多くの混合気を吸い込んでパワーを得るには、リフト量の大きなカムを用いればよいのですが、オーバーラップ（38頁参照）が大きいため低回転では混合気が吹き抜けてしまいます。逆にリフト量の小さなカムでは高回転時に充分なパワーが得られません。このように、エンジンの回転数に応じてバルブのリフト量やオーバーラップのタイミングを変えることができれば、よりパワーと燃費に優れたエンジンができるわけです。

◤可変バルブ（開閉）タイミング＆リフト機構

（1）可変バルブタイミング機構

　チェーンなどを介して駆動されるカムシャフトを、単独で少し回転できる（角度を変えられる）ようにしたものです。エンジン回転数に応じて吸気バルブの開閉ポイントが変わることでオーバーラップが変化し、吸気の終わりも変わります（中図）。

（2）可変バルブタイミング・リフト機構

　低回転用、高回転用の2種類のカムを、エンジンの回転数に応じて切り替えることができます。主にバルブリフト量を変えることで、低速時は少なめの、高速時は大量の混合気をシリンダーに導くことができます（下図）。

　これらの機構は、初期の段階では単独で用いられていましたが、最近は両方を合体させたものや、吸排気両方のバルブを可変できるようにしたものなど、数多くのバリエーションが誕生しています。

第2章 「力」を生み出す【エンジン編】

● カムリフト量とカムプロフィール

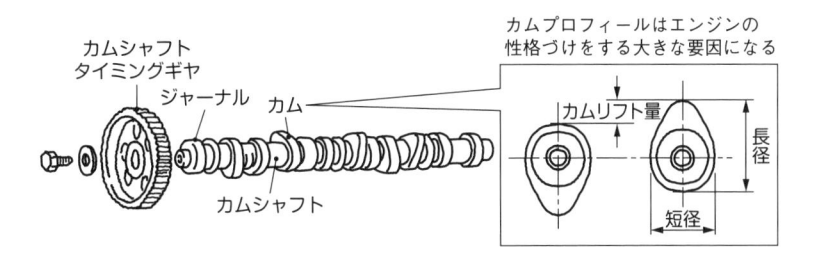

- カムシャフトタイミングギヤ
- ジャーナル
- カム
- カムシャフト

カムプロフィールはエンジンの性格づけをする大きな要因になる

- カムリフト量
- 長径
- 短径

● 可変バルブタイミング機構

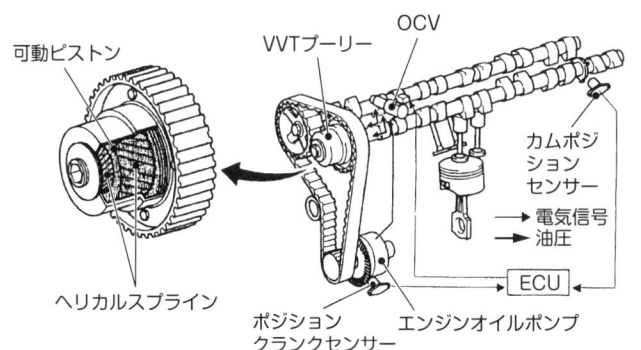

- 可動ピストン
- VVTプーリー
- OCV
- カムポジションセンサー
- → 電気信号
- → 油圧
- ECU
- ヘリカルスプライン
- ポジションクランクセンサー
- エンジンオイルポンプ

ECU(エンジンコントロールコンピューター)が走行状態に応じた適当なバルブタイミングを決定すると、VVTプーリーにあるVVT―iコントローラーへ送る油圧を制御する。これによってVVT―iコントローラーは吸気側カムシャフトとタイミングベルトプーリーの位相を変え、吸気バルブのタイミングを連続的に変化させる。

● 可変バルブタイミング・リフト機構

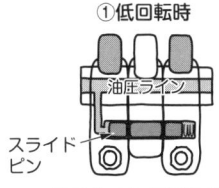

- 低回転用カム →バルブリフト量小
- 高回転用カム →バルブリフト量大
- 2種類のロッカーアーム

①低回転時
油圧ライン
スライドピン

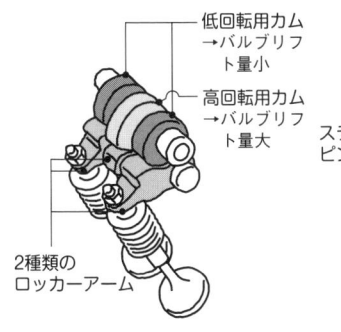

油圧ラインに圧力がかかっていない状態では、3本のロッカーアームが自由に動けるため高回転用カムの影響を受けず、2本のバルブは低回転用カムにより開閉される

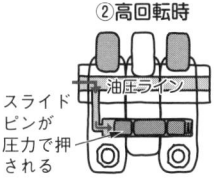

②高回転時
油圧ライン
スライドピンが圧力で押される

高回転になると油圧ラインに圧力が発生、スライドピンが動いてロッカーアームを一体化させる。バルブはリフト量の大きな高回転用カムの影響を受けて開閉する

POINT
- ◎バルブが開閉するポイントや速さ、リフト量などはカムの形状で決まる
- ◎リフト量やオーバーラップの最適なタイミングはエンジン回転数などによる
- ◎可変バルブ(開閉)タイミング&リフト機構は状況に応じた調整ができる

2. 「力」の元となる燃料に関するシステム

2-1 燃料がガソリンである理由

自動車エンジン用の燃料としてガソリンが選ばれたのはなぜですか？ また、ガソリンエンジンを搭載したクルマでも、ハイオク指定のものとレギュラーガソリンでOKのものがあるのはなぜでしょうか？

　ガソリンはみなさんご存じの通り、原油を蒸留し精製した物質で、軽油や灯油などの兄弟です。ガソリンが持つ大きな特徴は、火を近づけると燃え出す「引火点」が−40℃以下と低いことで、常温で燃えることはもちろん、空気（酸素）と混ぜ合わせピストンで圧縮して火をつけると爆発的に燃えます。

　逆に軽油は、この引火点が40℃以上と常温では簡単に火がつきませんが、温度を上げてやると自然発火（着火）する点がガソリンより低いという特性を持っているので、ディーゼルエンジンは高い圧縮比で空気を高温にして燃料を吹きかけるといった方法を用いています（スパークプラグが不要、72頁参照）。

　ガソリンがこのような特徴を持つおかげで、自動車用としてのガソリンエンジンはディーゼルエンジンに比べて強度が低くてすみ、小型、軽量にできるといった優位性があります。

◢ ハイオクタンはノッキングを抑えるガソリン

　ガソリンエンジンの場合、よりパワーを上げるには、圧縮比を上げて燃焼ガスの膨張率を高めることが必要ですが、上げすぎると燃焼室内で混合ガスが自然着火し、プラグで火花を飛ばす前に異常燃焼（プレイグニッション）を起こすことがあります。この異常燃焼によって引き起こされる「ノッキング（エンジンがキンキンという金属性の打撃音を発生する現象：上図）」を抑える性能を持つガソリンを「ハイオクタンガソリン」と呼び、抑える程度を「オクタン価」という数値で表しています（ハイオク＝96.0以上、レギュラー89.0以上）。

◢ 熱（燃焼）エネルギーをいかに有効利用するか

　ところで、1〜2tもの重量を持つクルマを200km/hを超えるスピードで走らせるほどパワフルなガソリンエンジンですが、エンジンで発生した"パワー"のうち、実際に有効利用されているのは30％程度といわれています（下図）。

　エンジン自体の機械的な構造ゆえに消費するエネルギーや、高温になりすぎるために放出される熱エネルギーといったものがその要因で、これらをいかにムダにしないか、有効利用できるかということがガソリンエンジンを進化させる大きなテーマになっています。

第2章 「力」を生み出す【エンジン編】

● ノッキングの発生

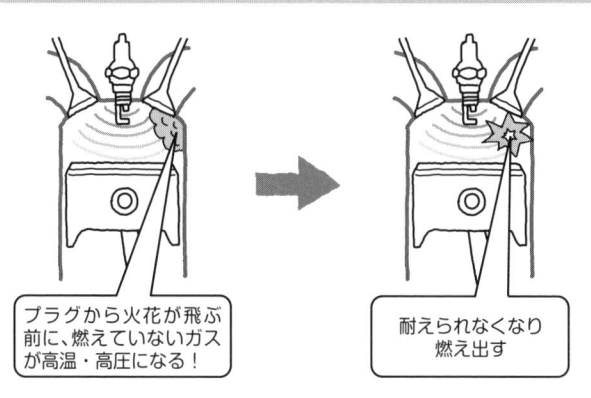

プラグから火花が飛ぶ前に、燃えていないガスが高温・高圧になる！

耐えられなくなり燃え出す

● 燃焼で発生するエネルギーとエネルギー損失

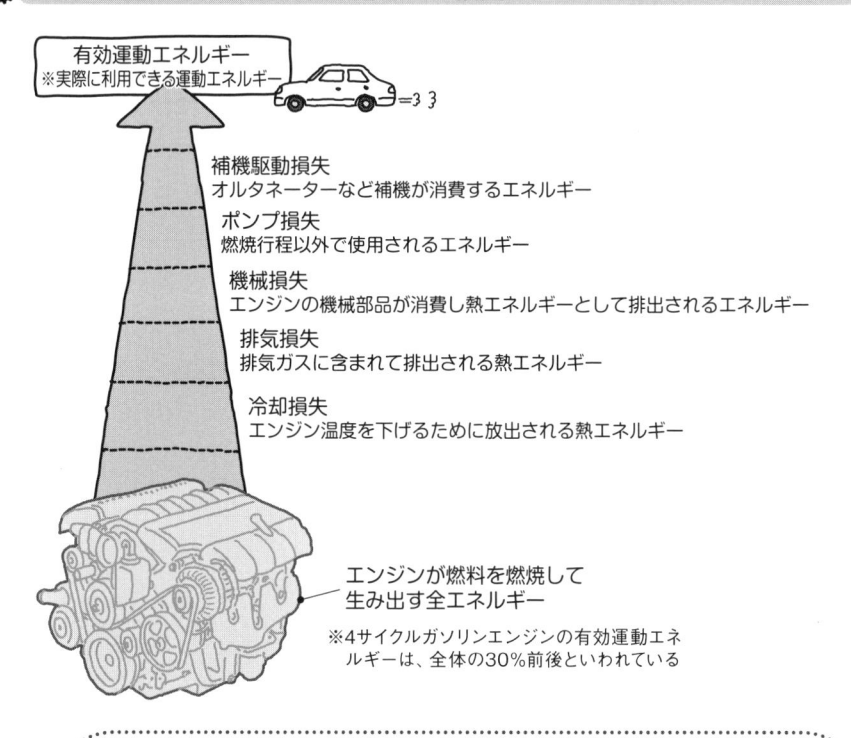

有効運動エネルギー
※実際に利用できる運動エネルギー

補機駆動損失
オルタネーターなど補機が消費するエネルギー

ポンプ損失
燃焼行程以外で使用されるエネルギー

機械損失
エンジンの機械部品が消費し熱エネルギーとして排出されるエネルギー

排気損失
排気ガスに含まれて排出される熱エネルギー

冷却損失
エンジン温度を下げるために放出される熱エネルギー

エンジンが燃料を燃焼して生み出す全エネルギー

※4サイクルガソリンエンジンの有効運動エネルギーは、全体の30％前後といわれている

POINT
- ◎引火点は、ガソリン＝−40℃以下、軽油＝40℃以上と大きな違いがある
- ◎ハイオクタンガソリンはオクタン価が高く、ノッキングを起こしにくい
- ◎ガソリンエンジンは発生するエネルギーの30％程度しか有効利用できない

2-2 燃料を供給するシステム

これまでにも、何度となく「混合気」という言葉が登場していますが、ガソリンはスタンドでは液体で売られています。どの段階で気体に近い状態になっているのですか?

　混合気は、ガソリンと空気の混ざったものですが、大気中には水や塵、ホコリなどさまざまな物が含まれているので、「非常に微細になったガソリンを含んだ空気」というように考えてよいでしょう。

■液体のガソリンを微粒化して空気と混ぜ合わせる方法

　ずっと以前は、混合気を作る過程を説明するのによく霧吹きの原理を用いていました。霧吹きとは上図の吹き出しのイラストのようなもので、パイプに強く息を吹きかけると先端から空気とともに細かくなった水が噴き出すという仕掛けです。

　ガソリンエンジンで混合気を作り出すシステムとして長く用いられてきた「キャブレター(気化器)」は、この原理を応用したものでしたが、排気ガスの問題や石油ショックなどで少しずつ姿を消し、二酸化炭素の排出削減、燃費改善といった流れから、ついに一般的なクルマでは使用されなくなりました。では、現在のクルマではどうやって混合気を作り出しているのでしょうか。

■フューエルインジェクションの時代へ

　シリンダーへ送られて来る空気の流れは、シリンダーの中で下降するピストンの動きで生まれる負圧(バキューム)によって発生します。ということは、エンジンが回っていれば、放っておいても空気は供給されるので、この流れ込む空気の量や温度(空気の温度が違えば含まれる酸素の量が異なる)といった条件に合ったガソリンを制御して別のラインから供給すればよいということになります。

　とはいえ、ただ液体のままガソリンをシリンダーに流し込んでも、なかなか適切な燃焼状態になるわけではなく、細かく霧状にしたガソリンを適切なタイミングで適量送り込む(噴霧する)といったことは、そう簡単な技術ではありませんでした。

　先に説明したキャブレターでも、基本の作動は別として、クルマの走行状態を感知してガソリンの量を増減したり、始動時などは空気の量を制御するといった「電子制御キャブレター」といったシステムが用いられた時期もありましたが、現在はガソリンを空気の通路(インテークマニホールド)や燃焼室に直接高圧の噴霧器で噴射する「フューエルインジェクション」が主流となっています(中図、下図)。

第2章 「力」を生み出す【エンジン編】

基本的なキャブレターの概念

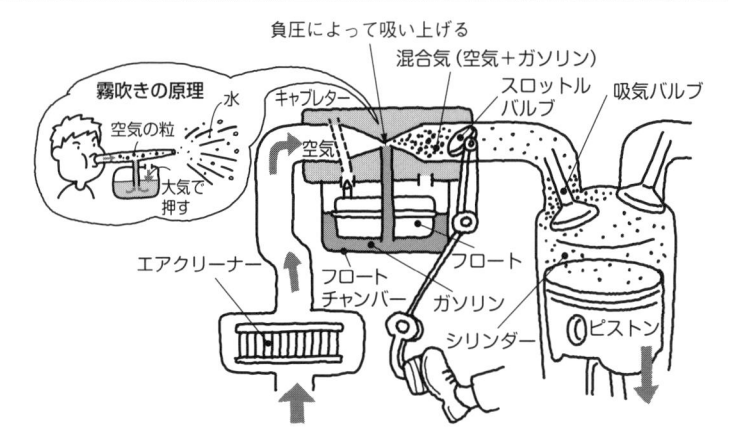

霧吹きの原理
- 空気の粒
- 水
- 大気で押す

- 負圧によって吸い上げる
- 混合気(空気+ガソリン)
- キャブレター
- スロットルバルブ
- 吸気バルブ
- 空気
- エアクリーナー
- フロートチャンバー
- フロート
- ガソリン
- シリンダー
- ピストン

基本的なフューエルインジェクションの概念

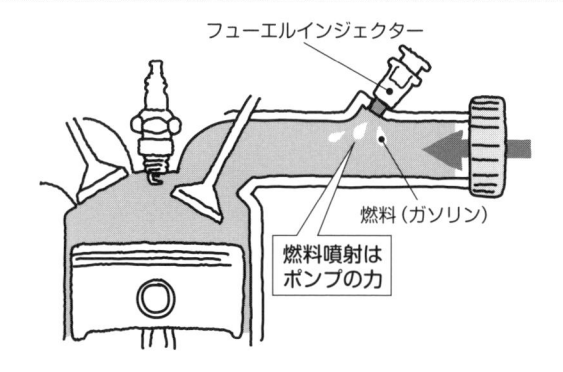

- フューエルインジェクター
- 燃料(ガソリン)
- 燃料噴射はポンプの力

キャブレターとフューエルインジェクションの違い

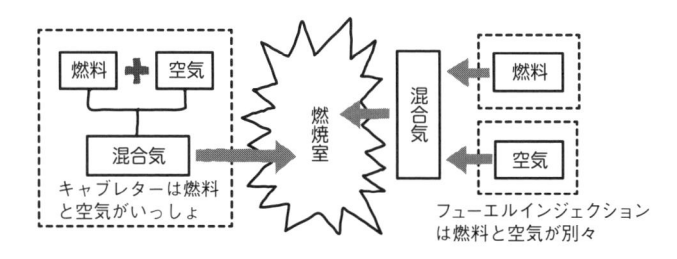

- 燃料 + 空気 → 混合気 → 燃焼室
- キャブレターは燃料と空気がいっしょ
- 燃料 → 混合気 → 燃焼室
- 空気 →
- フューエルインジェクションは燃料と空気が別々

POINT
- ◎従来はシリンダーに入る空気の力で混合気を作るキャブレター方式が主流
- ◎現在はシリンダーに吸い込まれる空気の量や走行状態に応じて電子制御されるフェーエルインジェクターでガソリンを噴霧している

047

2-3 吸気装置の役割

キャブレター方式にしてもフューエルインジェクションにしても、「混合気」を作り出すためには「空気」が大きな役割を果たしていることがわかります。この空気の流れはどうなっているのですか？

　フューエルインジェクションは、正式には「電子制御フューエルインジェクションシステム（電子制御燃料噴射装置）」と呼ばれる機構で、シリンダーに吸い込まれる空気に向けてガソリンなどの燃料を噴霧する装置をいいます。
　ベースとなっているのは、あくまで「吸入される空気」ですから、この流れを知ることは重要です。

■エアクリーナーからインテークマニホールドまで……吸気装置（上図）

（1）エアクリーナー
　シリンダーに送り込まれる空気の中にはゴミやホコリが含まれています。これを取り除いて、エンジンを保護する役割を担っています。エアクリーナーケースの中には掃除機のフィルターに似たエレメント（フィルター）が装備されており、車検や定期点検時など、一定期間クルマを使用するごとにチェックする必要があります。また、エアクリーナーにはシリンダーとピストンの間をすり抜けたガス（ブローバイガス）をもう一度戻す機構（PCV装置）も付いています。

（2）エアフローメーター
　エアクリーナーできれいになった空気の吸入量、温度などをセンサーで測定します。そのデータは、エンジンを制御するコンピューターへ送られて処理されます。

（3）スロットルボディ
　内部に「スロットルバルブ」と呼ばれる扉が装備されています。これは、運転手が操作する「アクセルペダル」の動きに連動して吸気通路の開度を加減するもので、アクセルペダルの全閉から全開まで連続して通路の開き具合を変化させます。なお、全閉時（アイドリング時など）でも、正常に燃焼できる混合気を作るために空気がバルブをバイパスできるようになっています（下図）。

（4）インテークマニホールド
　吸入された空気が各シリンダーに上手く分配されるように成形されたパイプです。このパイプの太さや曲がり具合などが、混合気の燃焼状態に大きく影響します。また、ここにはフューエルインジェクターや各種のセンサー、各シリンダーで吸気のバラツキが発生しないようにする「サージタンク」が設けられています。

第2章 「力」を生み出す【エンジン編】

吸気装置における空気の流れ

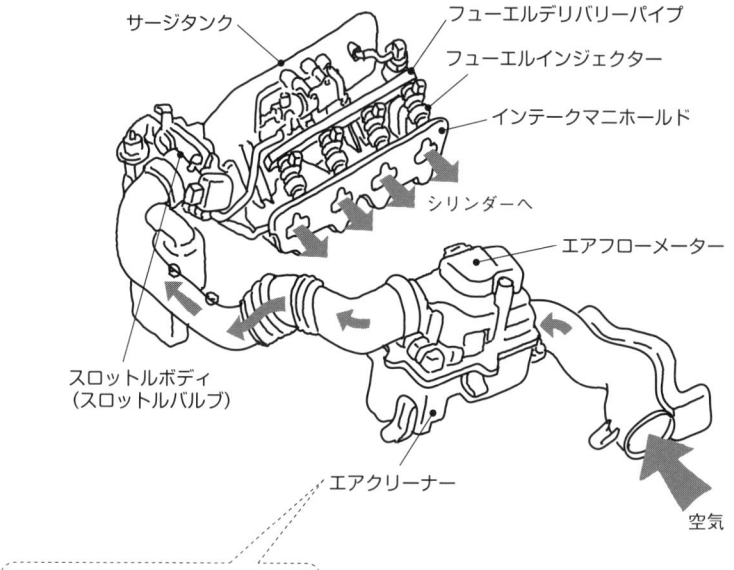

サージタンク
フューエルデリバリーパイプ
フューエルインジェクター
インテークマニホールド
シリンダーへ
エアフローメーター
スロットルボディ
（スロットルバルブ）
エアクリーナー
空気

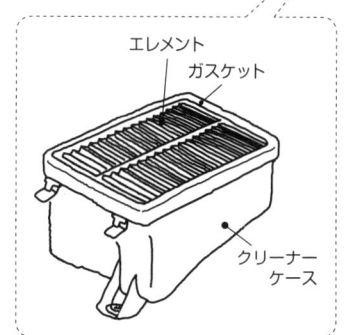

エレメント
ガスケット
クリーナーケース

スロットルバルブの役割

①スロットルバルブ全閉

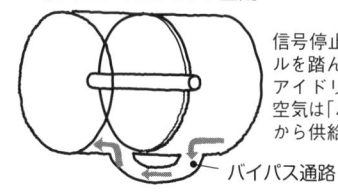

信号停止時などアクセルを踏んでいない状態。アイドリングに必要な空気は「バイパス通路」から供給される

バイパス通路

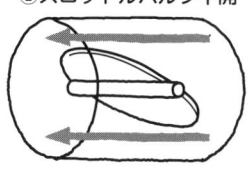

③スロットルバルブ全開

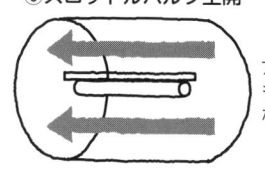

アクセルペダルをもっとも踏み込んだ状態

②スロットルバルブ半開

アクセルペダルの踏み込み量に応じてバルブが開閉する

> **POINT**
> ◎フューエルインジェクションを理解するには「空気の流れ」を知ることが重要
> ◎吸気装置は、エアクリーナー、エアフローメーター、スロットルボディ（バルブ）、インテークマニホールドなどで構成される

2-4 フューエルインジェクションの構造と作動（1）

フューエルインジェクションは、コンピューターで制御されていることは何となくわかりますが、実際にガソリンの量をどうやって決めているのですか？　また、そのしくみはどのようになっているのでしょうか？

　フューエルインジェクションは、大まかに上図のような部品で構成されています。
「各種センサー」と書かれている部分は「大気温度センサー」「冷却水温センサー」「排気ガス中のO_2センサー」などをいい、これらとともに「エアフローメーター（吸入空気量検出装置）」で検出されるリアルタイムの吸入空気量が信号としてコンピューター（CPU）に送られて演算され、その瞬間に必要とされる燃料の量が計算されるのです。

◤フューエルインジェクションの要……エアフローメーター

　ガソリンと空気の混合気がもっとも理想的な燃焼をするのは、ガソリン1に対して、空気14.7の比率だといわれています。

　ただし、クルマの走行状態は刻々と変化し、エンジン始動時や加速時にはもっと濃い混合気が必要となりますし、また平らな道を一定速度で巡航する場合にはもっと薄い混合気で充分です。

　このようにエンジンが必要とするガソリンの量は、吸入される空気の量によって大きく変化します。この吸入空気量を正確に計測する装置がエアフローメーターで、次のような方式が用いられています（下図）。

①メジャリングプレート式：エアクリーナーからスロットルバルブ間に図のようなL字形をしたプレートを配し、空気の流れで動かされるプレートの角度を電気信号に変える。

②ホットワイヤー式：電熱線に電流を流し過熱させておき、空気の流れで冷やされる電熱線の抵抗値の変化を読み取る。この抵抗値の変化で、空気の量を演算する。

③カルマン渦式：空気の通路に三角形の渦発生器を置くと空気の流れで図のような渦が発生する。この渦の数を計測して空気の流量を演算する。

　メジャリングプレート式は、このプレート自身が空気の抵抗となる欠点があり、カルマン渦式は一部のメーカーで採用されています。ということで、ホットワイヤー式が主流となっていますが、その他として、吸気管内に発生するバキューム（負圧）を計測して、空気量を計算する「Dジェトロ方式」も利用されています。

第2章 「力」を生み出す【エンジン編】

フューエルインジェクションの例

エアフローメーターで計測した空気量を元に大気温度や冷却水温などのデータをCPUで分析し、最適な燃料噴射時間を決めてフューエルインジェクターに通電する。

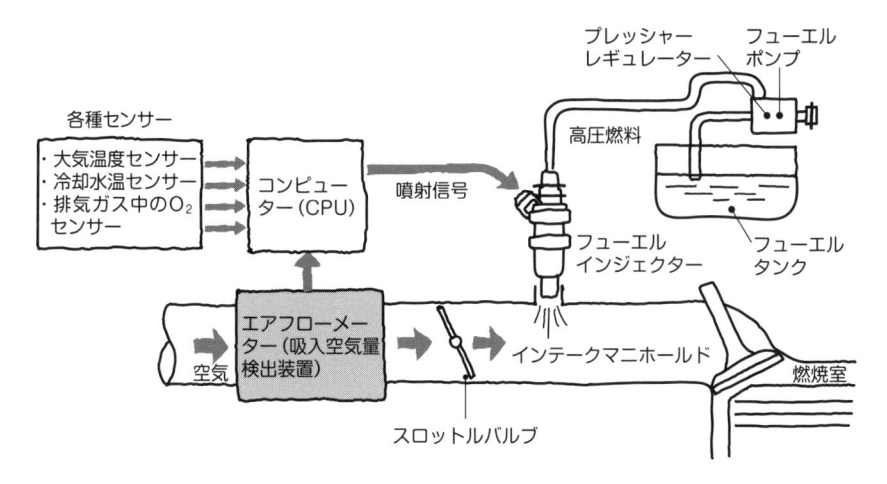

各種センサー
・大気温度センサー
・冷却水温センサー
・排気ガス中のO_2センサー

コンピューター(CPU)

噴射信号

プレッシャーレギュレーター
フューエルポンプ
高圧燃料
フューエルインジェクター
フューエルタンク

空気
エアフローメーター(吸入空気量検出装置)
インテークマニホールド
スロットルバルブ
燃焼室

エアフローメーターの種類

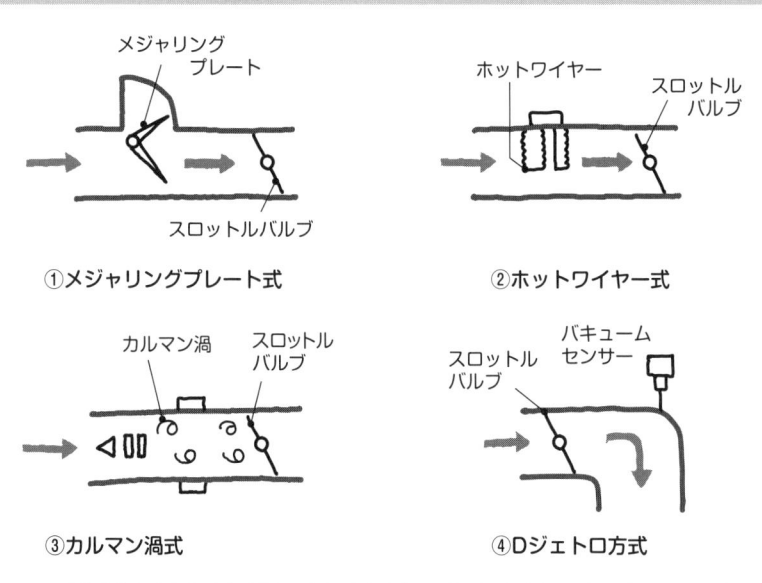

メジャリングプレート
スロットルバルブ

①メジャリングプレート式

ホットワイヤー
スロットルバルブ

②ホットワイヤー式

カルマン渦
スロットルバルブ

③カルマン渦式

スロットルバルブ
バキュームセンサー

④Dジェトロ方式

POINT
◎エアフローメーターはフューエルインジェクションの要となる
◎エアフローメーターには、メジャリングプレート式、ホットワイヤー式、カルマン渦式などがあり、Dジェトロ方式も用いられている

2-5 フューエルインジェクションの構造と作動（2）

フューエルインジェクションにおけるエアフローメーターの果たす役割はよくわかりましたが、では実際にガソリンを噴霧するしくみはどうなっているのですか？

前項ではエアフローメーターにばかり話がいってしまいましたが、引き続きフューエルインジェクションの燃料に関わる部分（燃料系統）について説明します。

■ **フューエルインジェクションの燃料系統を構成する主な部品**（上図）

（1）フューエルポンプ

フューエルインジェクションには電気モーター式の「フューエルポンプ」が使用されており、燃料タンク（フューエルタンク）内にセットされています。

フューエルポンプは、後述する「フューエルインジェクター」がインテークマニホールドや燃焼室に力強くガソリンを噴霧することができるように、燃料に高い圧力を安定してかけられるようになっています。ガソリンタンク内に設置されているのは、連続使用されるポンプが発熱しないようにガソリンで冷却する目的があります（中・左図）。

（2）プレッシャーレギュレーター

フューエルポンプから出たガソリンは、「プレッシャーレギュレーター」を通ります。この装置は、ポンプによってガソリンの圧力が上昇しすぎた場合にタンク内に戻され、圧力を一定に保つようになっています（下図）。

（3）フューエルデリバリーパイプ

「フューエルデリバリーパイプ」は、ポンプから燃料パイプで送られてきたガソリンを各シリンダーに振り分けるとともに、ここにはフューエルインジェクターが取り付けられています（下図）。

（4）フューエルインジェクター

「フューエルインジェクター」はフューエルインジェクションでもっとも重要な役割を果たしています。この部品の燃料入口側には、一定の圧力に調整されたガソリンが圧送されて来ています。

前項で説明した各種センサー、エアフローメーターからの信号を計算したコンピューターは、フューエルインジェクターのガソリン噴霧口のフタを設定時間だけ開けガソリンを噴射します。つまり、一定圧力のガソリンを噴霧する時間を調整して、エンジンの状況に応じた混合気の濃度を作り出しているのです（中・右図）。

第2章 「力」を生み出す【エンジン編】

◆ フューエルインジェクションの燃料系統の模式図

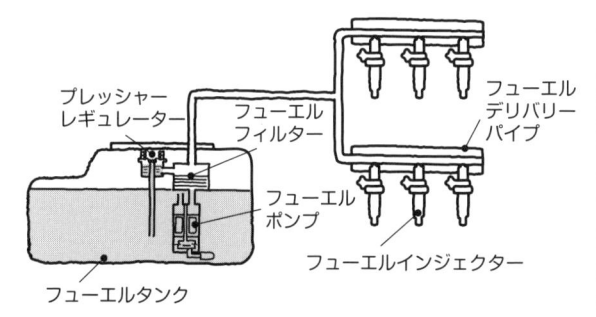

このタイプでは、プレッシャーレギュレーターとフューエルポンプが一体化しているので、ポンプによってガソリンの圧力が上昇しすぎた場合はタンクに戻される。この他に、プレッシャーレギュレーターをインジェクターの手前に置くタイプがある（下図）。この場合は余ったガソリンを戻すリターンシステムが必要。

ラベル: プレッシャーレギュレーター、フューエルフィルター、フューエルデリバリーパイプ、フューエルポンプ、フューエルインジェクター、フューエルタンク

◆ フューエルポンプの構造

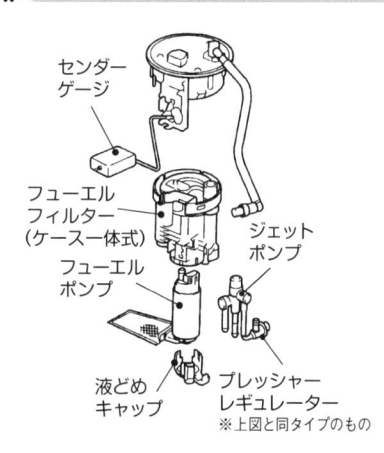

ラベル: センダーゲージ、フューエルフィルター（ケース一体式）、フューエルポンプ、液どめキャップ、ジェットポンプ、プレッシャーレギュレーター ※上図と同タイプのもの

◆ フューエルインジェクターの構造

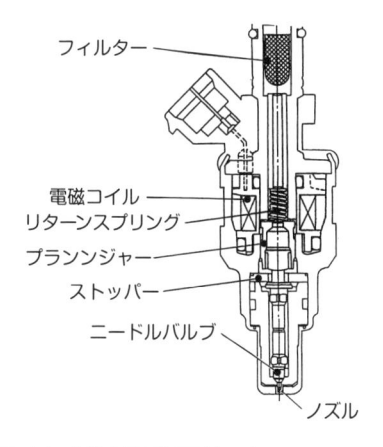

ラベル: フィルター、電磁コイル、リターンスプリング、プランジャー、ストッパー、ニードルバルブ、ノズル

◆ フューエルデリバリーパイプとプレッシャーレギュレーター

ラベル: プレッシャーレギュレーター ※この位置に設けたタイプについては、上図のキャプション参照、フューエルデリバリーパイプ、フューエルインジェクター

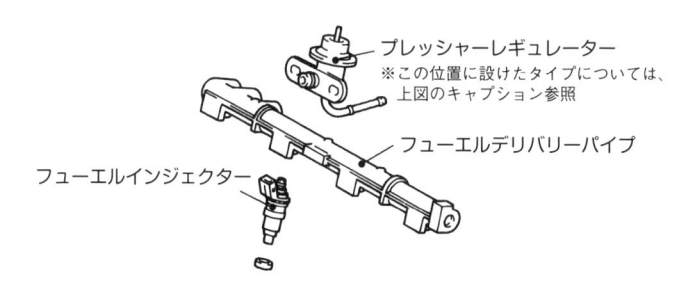

POINT
- ◎燃料系統は、フューエルポンプ、プレッシャーレギュレーター、フューエルデリバリーパイプ、フューエルインジェクターで構成される
- ◎フューエルインジェクターはコンピューターの指示に応じて燃料を噴霧する

2-6 フューエルインジェクションの制御と新機構

フューエルインジェクションでは、クルマの走行状態に応じて燃料の噴射量を変化させていますが、具体的にどのような制御がされているのですか？

　フューエルインジェクションのまとめとして、実際のクルマの走行状態に合わせた燃料増量の一例を紹介するとともに、一部のエコエンジンに使用されている「筒内直接噴射方式」について簡単に見ておくことにします。

▰ よりきめの細かい制御

　以前は1～2本のフューエルインジェクターをインテークマニホールドに装備し、全部のシリンダーに対して一度に燃料を噴射するという、まさにキャブレターを模倣したような大雑把なものもありましたが、現在のフューエルインジェクションは「シーケンシャル（各シリンダーごとにフューエルインジェクターが装備される）方式」と呼ばれるもので、それぞれの燃料噴射量をコンピューターが独自にコントロールするといった高度なものになっています。

　基本的な制御は、「基本噴射量」をベースに「始動時増量」「暖気補正」、加速時の「出力増量」、エンジンブレーキ時の「燃料カット」などがありますが、より少ない燃料で走行でき、必要なパワーを生み出すために、最近はさらにきめ細かい制御がされるようになってきています（上図）。

▰ 薄い燃料を安定的に燃焼させる工夫

　燃費向上に向けての考え方の1つに「希薄燃焼」という技術があり、理論空燃比（理論上完全燃焼すると考えられる比率で、空気14.7：燃料1とされる）よりもはるかに薄い（40：1を超える）混合気を安定的に燃焼させることができるようになってきました。これを実現するには、独自の形状を持つピストンを使用し、プラグの火花の近くに濃い燃料を集中させて一気に燃焼させることが必要です。そのため、フューエルインジェクターも燃焼室内に突き出るようにセットされており、このことから「筒内直接噴射方式」と呼ばれています（中図）。

　また、燃料を噴射するタイミングも、燃料の拡散を防ぐ目的で通常の吸入行程（ピストン下降時）ではなく圧縮行程の終わりに行われるので、より高圧で霧化状態のよい燃料を噴射できることが条件となっています。そのため、フューエルインジェクターも改良が加えられ、噴射ノズルに独特の細かな穴を持つものが用いられるなど、フューエルインジェクションは現在も進化を続けています（下図）。

第2章 「力」を生み出す【エンジン編】

クルマの運転状態に応じた燃料の噴射例

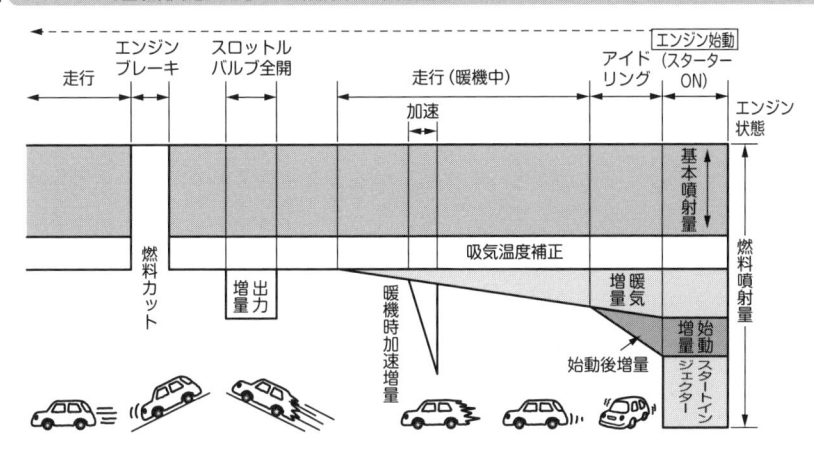

筒内直接噴射方式

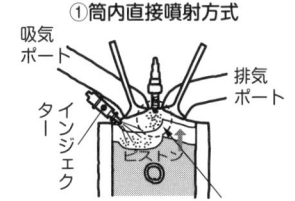

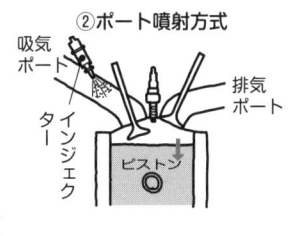

①筒内直接噴射方式

②ポート噴射方式

筒内直接噴射方式では、圧縮行程の終わりに燃料が燃焼室内に噴射される。一方、ポート噴射方式(吸入空気と燃料を混ぜてから燃料室内に吸い込む)では、吸入行程で燃料が吸気ポート内に噴射され、空気と混合されて燃焼室内に入る。

圧縮行程のピストン上昇にともなってプラグの電極付近に燃料が集中し濃度が高まって燃焼を促進する

フューエルインジェクターの工夫

かつて噴射孔は1つだったが、ガソリン粒子の小径化を目指して数が増えている。

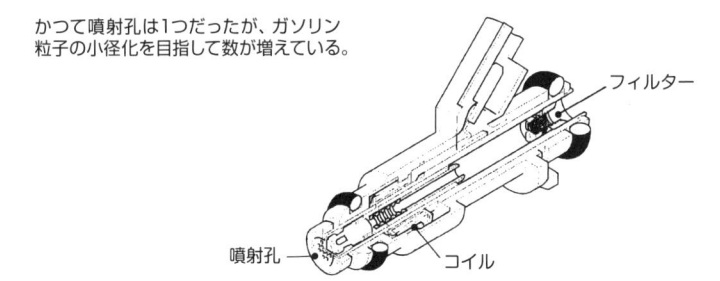

POINT
- ◎現在はシリンダーごとに制御するシーケンシャル方式が主流
- ◎フューエルインジェクターの噴射量は走行状態に合わせて増量、カットされる
- ◎筒内直接噴射方式は希薄燃焼を実現させるためのシステム

2-7 排気装置の役割

街中を走っていると、まれに大きな排気音を出したり、「パン、パン」という破裂音を発するクルマがありますが、シリンダーの中で燃焼した後の排気ガスはどのような経路で排出されているのですか？

　燃焼（爆発）行程後に、再び上昇してくるピストンによって排気バルブの隙間から押し出された燃焼後のガス（排気ガス）が大気に放出され、4サイクルエンジンの4行程が終了します（26頁参照）。したがって、排気ガスがスムーズに処理されて排出されることは、エンジンにとって非常に重要な要素であるといえます。

▌排気ガスに残る高い熱エネルギー

　排気バルブから出てすぐの排気ガスには、まだまだ大きな熱エネルギーが残っていて膨張しようとしています。そのため、温度を下げずに大気に放出すると大きな音となって現れます。また、問題となっているCO_2（二酸化炭素）のほか、有害物質であるCO（一酸化炭素）、HC（炭化水素）、NOx（窒素酸化物）なども含まれているため、これらの処理もしなければなりません。これらの問題を解決するために、排気ガスの処理は以下のようなパーツを経て行われています（上図）。

（1）エキゾーストマニホールド

　各シリンダーから出る排気ガスを1つにまとめて以後の排気管に送る働きをしています。ちょうどインテークマニホールドに対面する位置に似た形で装着されていて、高熱に耐えるように鋳鉄やステンレスといった素材が使用されています。また、次項の「ターボチャージャー」もこの部品につながるように取り付けられています。

（2）触媒コンバーター

　「触媒コンバーター」は排気ガス浄化装置と呼ばれ、先に述べた有害物質（CO、HC、NOx）がここを通る際に、触媒の作用でCO_2、H_2O、N_2などに化学変化します。触媒は低温では作用が鈍く、逆に加熱されすぎると破損したり、火災の原因となることがあるので「排気温度センサー」によって監視されています（中図）。

（3）マフラー（消音器）

　先ほど述べたように、エンジンを出てすぐの排気ガスは高温でさらに膨張しようとしています。一度に大気に放出すると大きな音を発生するため、段階を経て膨張するように工夫されたのがマフラーです。マフラーを開いてみるといくつかの部屋に分かれており、その間をパイプでつないでいます。この部屋を通ることで膨張力が低下し、排気音が低くなるのです（下図）。

第2章 「力」を生み出す【エンジン編】

排気系統の構成

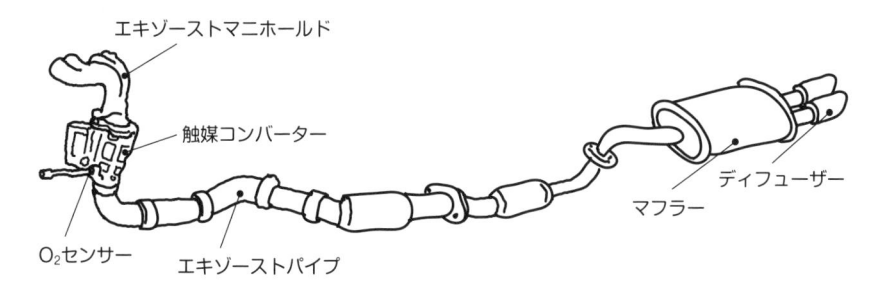

- エキゾーストマニホールド
- 触媒コンバーター
- ディフューザー
- マフラー
- O₂センサー
- エキゾーストパイプ

触媒コンバーターの構造

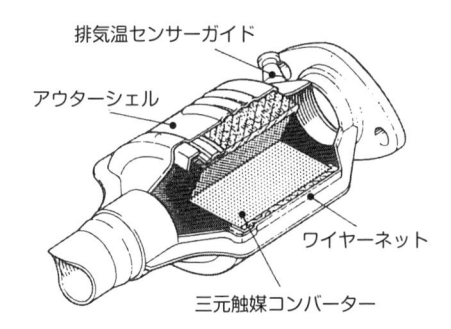

- 排気温センサーガイド
- アウターシェル
- ワイヤーネット
- 三元触媒コンバーター

マフラーの構造

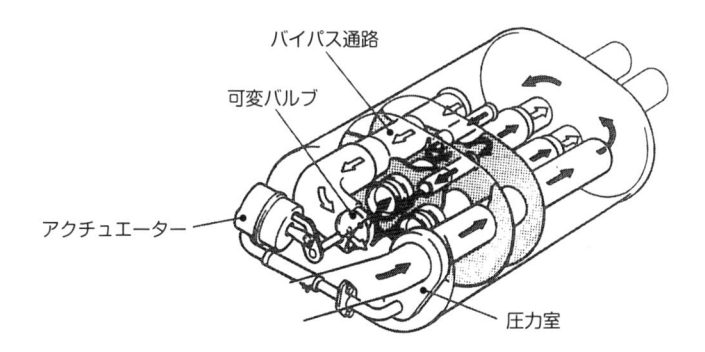

- バイパス通路
- 可変バルブ
- アクチュエーター
- 圧力室

POINT
- ◎排気バルブを出てすぐの排気ガスには熱エネルギーと有害物質が含まれている
- ◎触媒コンバーターは、CO、HC、NOxなどの有害物質の化学変化を促進する
- ◎マフラーは排気ガスを段階的に膨張させて熱エネルギーを奪う

2-8 燃焼効率と出力向上からのエコ技術

最近「エコ・ターボ」「エコ・スーパーチャージャー」という言葉を聞きますが、ターボやスーパーチャージャーはより大きな出力を生み出すもので、エコとは相反する技術のような気がするのですが?

「ターボチャージャー（以下T.C.）」も「スーパーチャージャー（以下S.C.）」もともに空気を圧縮してシリンダー内に押し込む装置のことで、空気の薄い上空を飛ぶ航空機用のエンジンとして多くの空気（酸素）を送り込むために開発されました。

クルマ用としては、レース車やスポーツタイプの車種がより大きなパワーを得るために装着した例が多く、T.C.は排気ガスに含まれる熱エネルギーを利用してファン（タービン）を回し、対になったファン（コンプレッサー）で空気を圧縮します（上図）。S.C.はクランクシャフトの回転を機械的に導いてコンプレッサーを回し、同じように空気を圧縮してシリンダーに送り込むように働きます。

ただしT.C.は、アクセルを踏み込んでもエンジンが充分な排気ガスの圧力を生み出すまで若干の時間がかかる（ターボラグ）、またS.C.は、エンジンが発生する力の一部を使ってしまうなどの欠点を持っています。また、送り込まれた空気で圧縮比が高くなりすぎ、ノッキング（44頁参照）を起こしやすいという問題もあって、作動前の圧縮比を低く設定する必要がありました。

◤小さなエンジンに充分な力と高燃費を与える技術

エコを目的としてT.C.やS.C.を装備するエンジンは、同クラスのクルマが通常搭載している排気量より小さいものです。ただ単に排気量を下げただけではパワーが足りず、まともに走らないうえにかえって燃費も悪くなってしまいます。

そこで、T.C.やS.C.を装着して実走行時の排気量をアップするとともに、先に説明した筒内直接噴射技術（54頁参照）を駆使して、より薄い燃料でも安定して燃焼するように工夫がされています。さらにフューエルインジェクターが燃焼室に直接燃料を噴霧することで、圧縮比をそれほど下げなくても燃焼室の温度が下がり、異常燃焼、ノッキングを起こしにくくなるというメリットも生まれてきます（下図）。

この技術は、ヨーロッパのメーカーが先んじて開発したもので、低い回転数から威力を発揮するS.C.と、高回転に強いT.C.を組み合わせたツインチャージャーシステムを持つクルマもあり、日本で一般化している「ハイブリッドシステム」とは異なるエコカーの路線で、ガソリンエンジンやディーゼルエンジンの未来を提案したシステムといえます。

第2章 「力」を生み出す【エンジン編】

ターボチャージャーのシステム図

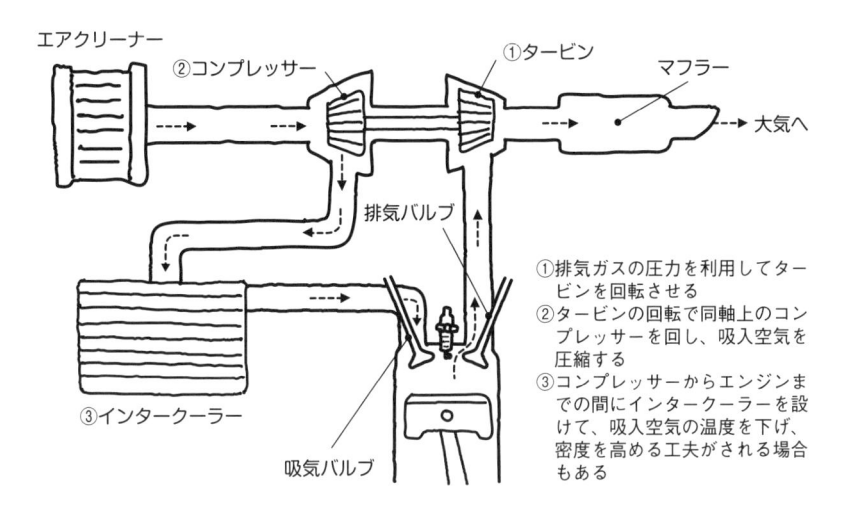

エアクリーナー
②コンプレッサー
①タービン
マフラー
→ 大気へ
排気バルブ
③インタークーラー
吸気バルブ

①排気ガスの圧力を利用してタービンを回転させる
②タービンの回転で同軸上のコンプレッサーを回し、吸入空気を圧縮する
③コンプレッサーからエンジンまでの間にインタークーラーを設けて、吸入空気の温度を下げ、密度を高める工夫がされる場合もある

エンジンの小排気量化(ダウンサイジング)によるエコ技術

車体のサイズに対して従来より小さな(小排気量)エンジンを使用し、ターボやスーパーチャージャーがより活躍できる工夫を盛り込んで、必要なパワーを確保するとともに燃費も向上している。

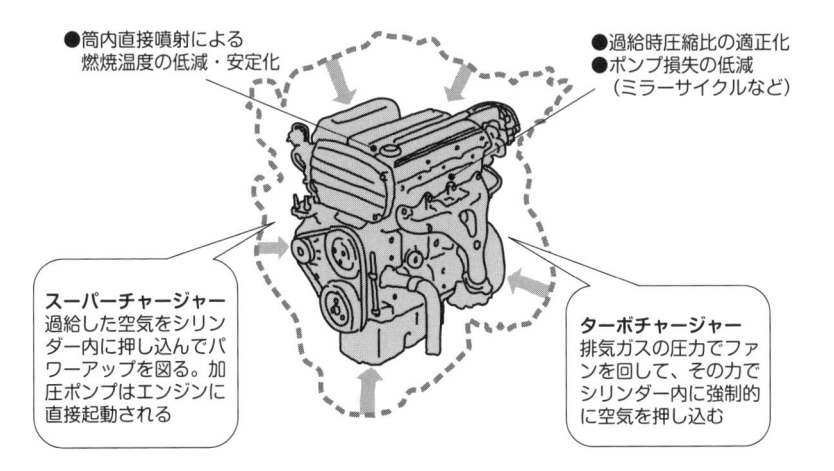

- 筒内直接噴射による燃焼温度の低減・安定化
- 過給時圧縮比の適正化
- ポンプ損失の低減(ミラーサイクルなど)

スーパーチャージャー
過給した空気をシリンダー内に押し込んでパワーアップを図る。加圧ポンプはエンジンに直接起動される

ターボチャージャー
排気ガスの圧力でファンを回して、その力でシリンダー内に強制的に空気を押し込む

POINT
◎現在のエコエンジンは、より小さな排気量のエンジンに過給器を付け、筒内直接噴射システムを加えて充分なパワーと燃費向上、二酸化炭素の排出量低減といった効果を生み出すものが増えてきている

3. エンジンを側面から支援しているシステム

3-1 潤滑装置の役割

エンジンオイルは定期的に交換しなければなりませんが、そもそもどんな役割を果たしているのですか？ また、交換時に抜き取ったオイルはかなり黒くなっていますが、なぜなのでしょうか？

　機械部品に使用される「オイル」の基本的な働きは"潤滑"です。これは、主に金属同士がこすれ合う部分の隙間にオイルが入り込み、摩擦によって発生する熱や摩耗を軽減する働きのことをいいます。

　エンジン内部には、シリンダーとピストン、コンロッドとクランクシャフト、バルブとカムというように主要な部品同士がこすれ合う部分や、回転するシャフトを支える部分が数多くあります。これらの部品間にはベアリング（メタル）がセットされていることが多いのですが、このベアリングに清浄なオイルが行き渡っていなければ、摩擦熱で部品が動かなくなってしまいます（焼き付き）。

　またオイルは"冷却作用"にも一役かっていて、燃焼室で発生する混合気の燃焼熱に常にさらされているピストンの下側（内側）にオイルを吹きかけることで、ピストンの温度が異常に上昇し膨張することを防いでいます。

▌潤滑システムの概要

　このようにエンジンオイルは、エンジンが正常に回転を続けるために欠くことができない存在で、交換を忘れて長く放置すると、金属の細かな粒が混じったり、オイル自体が焼けて黒くなり、潤滑性能を失ってしまうので注意が必要です。

　潤滑システムは、次のような部品で構成されています（上図）。

①オイルパン：オイルの受け皿で、注入されたオイルはここに溜まる。

②オイルストレーナー：オイルが吸い上げられる際に、大きめの金属カスや汚れの通路への侵入を防ぐ。

③オイルポンプ：クランクシャフトなどの動きによって回され、オイルをエンジン各部に供給する。

④オイルフィルター：エンジン内を循環するオイルに含まれる細かな汚れを取り除き、異物がオイル通路に混入しないようにする。ここには「リリーフバルブ」と呼ばれる弁が設けられており、フィルターが汚れでつまると、ここを通さずにオイルをバイパスするようになっている。

⑤オイルギャラリー：エンジン各所に作られたオイルの通路。ここには「オイルプレッシャースイッチ」が設けられ、このセンサーがオイルの圧力を常に監視している。

第2章 「力」を生み出す【エンジン編】

潤滑システムの例

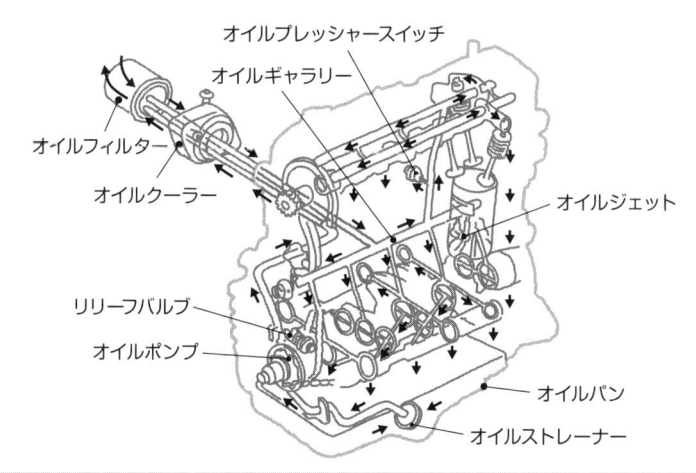

（図：潤滑システムの構成図）
- オイルプレッシャースイッチ
- オイルギャラリー
- オイルフィルター
- オイルクーラー
- オイルジェット
- リリーフバルブ
- オイルポンプ
- オイルパン
- オイルストレーナー

エンジンオイルの分類

①APIサービス分類（ガソリンエンジン用）
※2001年以降、SL、SM、SNが設定されているが、耐久性能や清浄性能に優れるほか、高い環境性能や省燃費性能を有している

分類	適用範囲
SE	酸化、高温沈殿物、錆、腐食などの防止に対して、SDよりさらに高い性能を備える
SF	酸化安定性、耐摩耗性の向上を図り、特にバルブ機構の摩擦防止を主眼としたものでSEより高い性能を備えている
SG	1988年に設定されたもので、SFクラスよりさらに過酷な使用条件に耐えられるように耐摩耗性、耐スラッジ性が高められ、テスト方法もSFクラスよりも過酷になっている
SH	1993年から登場した規格。省燃費性能、低オイル消費、低温始動性、高温耐久性などに優れている
SJ	1996年10月にSHを超えるグレードとして開発される。主として環境対策オイルでオイル消費量を減らして、燃費も向上させる

②SAE粘度分類（主なもの）

SAE粘度番号	適用	粘度
SAE 5W	寒冷地用	低い
SAE10W	寒冷地用	
SAE20W	冬季用	
SAE20	冬季用	
SAE30	一般用	
SAE40	夏季用	
SAE50	酷暑用	高い

※1. SAE10W、SAE30などをシングルグレードオイルという
※2. SAE10W-30、SAE20W-40などをマルチグレードオイルという

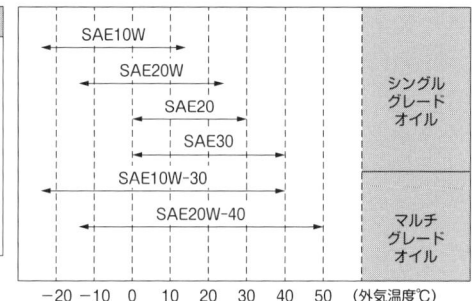

③SAE番号と使用可能温度（主なもの）

（図：SAE番号別の使用可能温度範囲のグラフ）
- SAE10W、SAE20W、SAE20、SAE30：シングルグレードオイル
- SAE10W-30、SAE20W-40：マルチグレードオイル
- 外気温度 −20〜50℃

POINT
- ◎エンジンオイルの働きは潤滑と冷却で、正常な作動のためには不可欠
- ◎オイルプレッシャースイッチは、オイルポンプで圧送されるオイルの圧力（油圧）を感知し、異常があればインジケーターランプを点灯させる

3-2 冷却装置の役割

ガソリンエンジンは、燃焼室内でガソリンと空気の混合気に火花を飛ばし、爆発させてエネルギーを発生させていますが、エンジンを回し続けていて熱のために壊れることはないのですか？

エンジンが自ら生み出す"熱"のために不具合を起こすことを「オーバーヒート」といいます。2輪車のように、エンジンがむき出しになっていれば走行風で冷やすこともできますが、クルマはエンジンがボディで覆われているため、そうもいきません。逆に真冬は、エンジンが暖まらないため混合気の燃焼が安定しません。このように混合気の燃焼に適した温度にエンジンを保っているのが「冷却装置」です。

■水を媒体とした水冷式が主流

クルマのエンジンを走行風だけで冷却するのは難しいため、現在ほとんどの車種がエンジン各部に「冷却水」（クーラント）を循環させて冷やす「水冷式」を採用しています。構成部品は以下のようなものです（上図）。

①ラジエーター：エンジン内部を冷却して高温になった冷却水は、ラジエーターに送られる。冷却水はここで走行風などによって放熱し、温度が下がって再度エンジン内を冷却できるようになる。また、ラジエーターは圧力式になっており、水温が100℃を超えても沸騰せず、冷却水の泡立ちを防止している（下・左図）。

②冷却ファン（電動ファン）：エンジンの回転、またはモーターで駆動され、走行風が充分にラジエーターに当たらないときに冷却水の温度を下げる。クルマの前後に対して横向きにエンジンが搭載されるクルマは、電動ファンを用いている。

③ウォーターポンプ：エンジンの回転を利用して、エンジン内部とラジエーターを循環する冷却水の流れを作る。

④ラジエーターサブタンク：冷却水は加圧されているとはいえ、温度が上がると膨張するので、増えた量を一時的にここに溜めるようにしている。

⑤サーモスタット：冬場など冷却水の温度が既定値（90℃前後）以下の場合に、エンジンからラジエーターに向かう冷却水の通路を閉じ、エンジン内部に戻してエンジンが早く適温になるようにする（下・右図）。

⑥冷却水：水と冬期でも凍りにくいロングライフクーラント（＝LLC）を混ぜ合わせたものを使用している。

⑦ウォータージャケット：シリンダーブロックやシリンダーヘッドに開けられた冷却水の通路。ここを冷却水が通ることでエンジンの温度が下がる。

第2章 「力」を生み出す【エンジン編】

水冷式冷却装置の構成

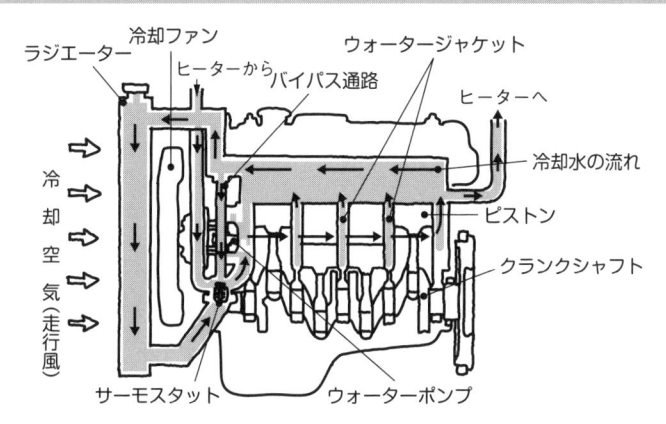

図中ラベル:
- ラジエーター
- 冷却ファン
- ウォータージャケット
- ヒーターから
- バイパス通路
- ヒーターへ
- 冷却水の流れ
- 冷却空気(走行風)
- ピストン
- クランクシャフト
- サーモスタット
- ウォーターポンプ

ラジエーターの構造と働き

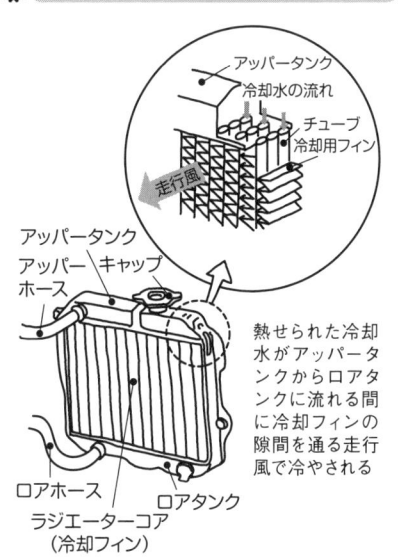

図中ラベル:
- アッパータンク
- 冷却水の流れ
- チューブ
- 冷却用フィン
- 走行風
- アッパータンク
- アッパーホース
- キャップ
- ロアホース
- ロアタンク
- ラジエーターコア(冷却フィン)

熱せられた冷却水がアッパータンクからロアタンクに流れる間に冷却フィンの隙間を通る走行風で冷やされる

サーモスタットの働き

①低温時(バルブ閉) 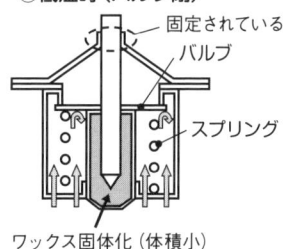
- 固定されている
- バルブ
- スプリング
- ワックス固体化(体積小)

②高温時(バルブ開) 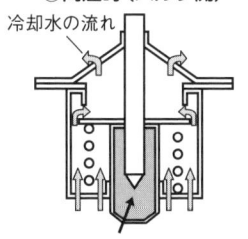
- 冷却水の流れ
- ワックス液体化(体積大)
→ワックスが液体化して体積が増えた分だけスプリングを縮めながら中心軸を押し出しバルブを開く

POINT
- ◎エンジンの冷却は走行状態や大気温の影響を受けにくい水冷式が一般的
- ◎冷却水はラジエーターで加圧され、100℃でも沸騰しない
- ◎サーモスタットは、冷却水の温度が低いときは早く上昇させるようにする

4. クルマの生命線となっているシステム

4-1 電気装置の概要と始動装置

最近のクルマは、電気部品のかたまりといわれます。フューエルインジェクションの項でもそのことはわかりましたが、エンジンに関係する基本的な電気装置はどうなっているのですか？

現代のクルマ、特に日本車は排気ガス規制をクリアし、定められた燃費の基準値に適応していくために、数多くのセンサーやコンピューターが用いられるようになりました。また、快適にドライブできるといった点でも、数え切れないほどの電気装置が使われています。

とはいえ、これらの電気装置を使えるようにするための電気はエンジンによって作り出されていますし、停止しているエンジンを動かすためにも電気が使われています。エンジンを作動させるための基本的な電気システムは、止まっているエンジンを外部から動かす「始動装置」、必要な電気を発電する「充電装置」、混合気に火花を飛ばす「点火装置」の3つと、「燃料装置」や「バッテリー」などです。

◼ バッテリーの役割

エンジンが回っているとき、自身が必要とする電力は自ら発電して賄っています。しかし、止まっているエンジンを始動したり、発電量より電力の消費量が多い場合は、バッテリーに蓄えられた電気が使用されます。バッテリーは乗用車用として12V仕様の「鉛蓄電池」が用いられるのが一般的で、発電される電圧も、使用される電気装置もこの12Vに合わせられています。

◼ エンジンを外部から回す始動装置

停止しているエンジンを動かすためには「スタータモーター」に通電し、エンジンを外部から回してやる必要があります。強制的にピストンを動かし、混合気を吸入して点火させるのですが、この作業を行っているのが「始動装置」です（上図）。

下図はスターターモーターの概略で、スタータースイッチをオンにするとバッテリーからの大電流がモーターに通電されるとともに、エンジンのクランクシャフトに取り付けられた「フライホイール（A/Tの場合、トルクコンバーターのリングギヤ）」に向けて「ピニオンギヤ」が飛び出し、モーターの回転がクランクシャフトに伝わるようになっています。エンジン始動後キーを戻すとピニオンギヤも戻り、モーターはエンジンの回転の影響を受けません。

重い金属の円盤であるフライホイール（A/Tの場合、トルクコンバーター）は、自身が回ることで、エンジンの回転を円滑化する働きも行っています。

第2章 「力」を生み出す【エンジン編】

始動装置の構成

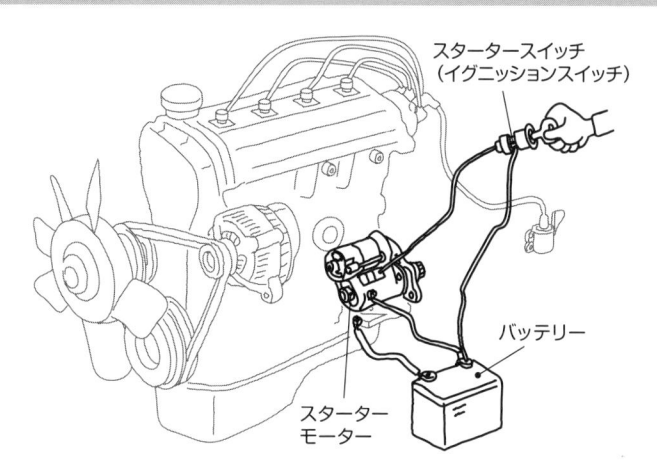

- スタータースイッチ（イグニッションスイッチ）
- バッテリー
- スターターモーター

スターターの作動

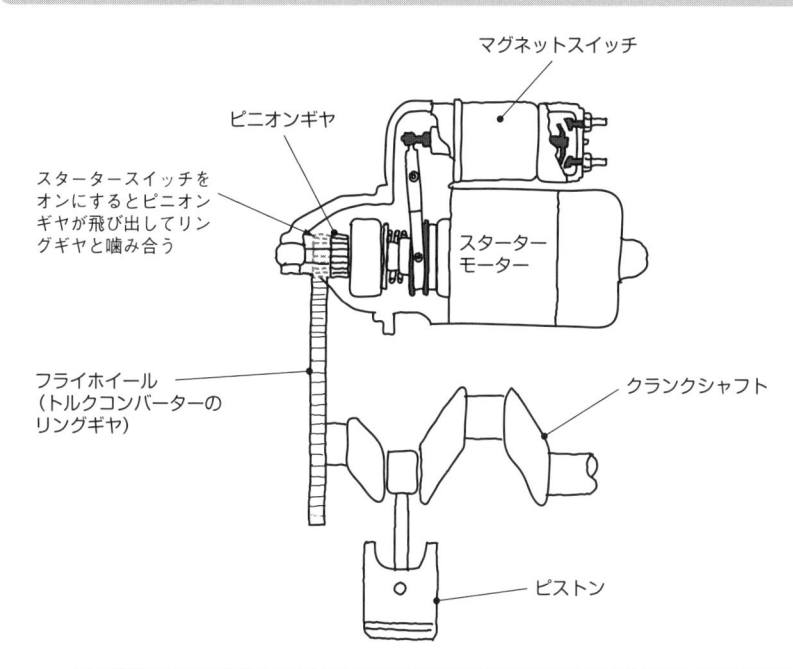

- マグネットスイッチ
- ピニオンギヤ
- スタータースイッチをオンにするとピニオンギヤが飛び出してリングギヤと噛み合う
- スターターモーター
- フライホイール（トルクコンバーターのリングギヤ）
- クランクシャフト
- ピストン

POINT
- ◎エンジンを始動するには、始動装置、充電装置、点火装置などが必要
- ◎バッテリーは電力を蓄えておくもので、12V仕様の鉛蓄電池が用いられる
- ◎始動装置はスターターモーターが主役で、外から強制的にエンジンを始動する

065

4-2 充電装置の役割

エンジンの始動などクルマが走るために必要なことから、エアコン、オーディオなど快適性をアップする装備まで、多くの部品が電気で動いています。これらを賄う電力はどのように生み出しているのですか？

以前は「ガソリンを補充して、たまにオイル交換していればクルマは走り続ける」と思われていた時代がありましたが、現在のクルマは、電気に頼る部分が大きく拡大しています。とはいえ、クルマで使用される電気は自身で生み出していますから、電気自動車（EV）でない限り外部の電源から充電する必要はありません。

▌オルタネーターで発電

クルマでは、エンジンの回転の一部を利用して「オルタネーター（交流発電機）」を駆動して発電しています（上図）。中図はオルタネーターのカット図ですが、内部にある「ローター」が、エンジンからベルト（Vリブドベルト）で駆動されるようになっています。ローターには電磁石（コイル）が取り付けられていて、バッテリーまたは自ら発電する電気で磁化された状態で回転します。その状態で、ローターの外周にセットされた「ステーター（コイル）」には交流電流が発生しますが、交流電流はプラス・マイナスの極性が入れ替わるのでこのままでは使えません。そこで、交流を直流に変換する「整流器」が設けられています。また、オルタネーターの発生電圧はエンジンの回転数が高くなると大きくなるので、発生電圧を制御して12Vを安定的に生み出すために「ICレギュレーター」が装備されています。

▌減速エネルギー回生機構

これは2010年頃から採用され始めた新しい技術で、クルマが減速するときにオルタネーターの発電量をアップして、一気に充電させようという考えから生まれました。背景にはガソリンエンジン車の燃費向上に対する要求の高まりがあります。このシステムでは、通常走行時の発電量を抑えて、オルタネーターがエンジンにかける負担を低減（燃費向上）するかわりに、アクセルを戻したときの減速エネルギー（慣性力）を利用し、オルタネーターを駆動して強力に発電します。

このシステムは、出力電圧を12～25V程度の範囲で変化できるオルタネーターや、電気部品に供給する電圧を12Vに降圧するコンバーターなどで構成されます。また、一般の鉛バッテリー以外に短時間で充電できるコンデンサーやリチウムイオンバッテリーなどが装備され、減速エネルギーを効率的に電力に変換できるようになっています（下図）。

第2章 「力」を生み出す【エンジン編】

充電装置の構成

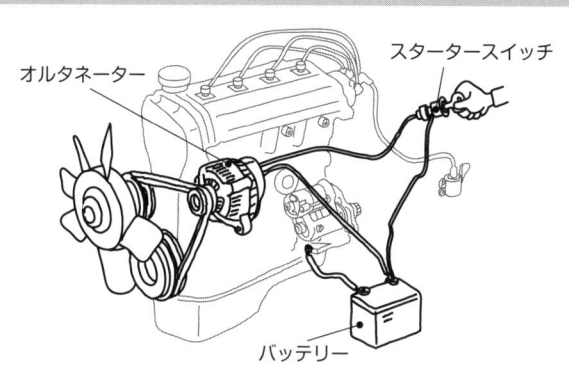

- オルタネーター
- スタータースイッチ
- バッテリー

オルタネーターの構造

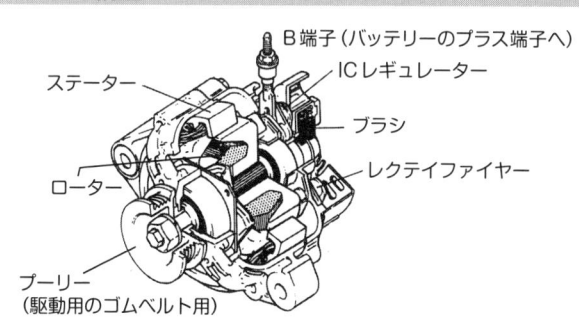

- ステーター
- B端子(バッテリーのプラス端子へ)
- ICレギュレーター
- ブラシ
- レクテイファイヤー
- ローター
- プーリー(駆動用のゴムベルト用)

減速エネルギー回生機構の原理

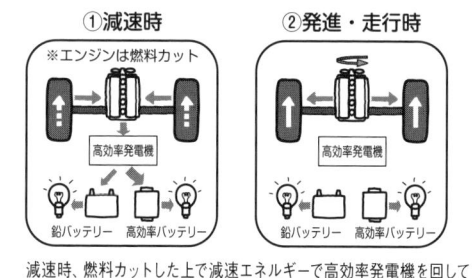

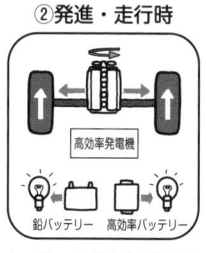

①減速時
※エンジンは燃料カット
高効率発電機
鉛バッテリー　高効率バッテリー

②発進・走行時
高効率発電機
鉛バッテリー　高効率バッテリー

一般の車両
一般の発電機
鉛バッテリー

減速時、燃料カットした上で減速エネルギーで高効率発電機を回して高効率(リチウムイオン)バッテリーと鉛バッテリー(アイドルストップ用)を瞬時に充電し、電装品の電源や再始動用として利用する

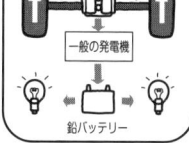

減速エネルギーを発電に利用していない

POINT
- ◎クルマの発電はエンジンの回転によってオルタネーターを回して行う
- ◎オルタネーターで生み出された交流電圧は整流器で直流に変換される
- ◎減速エネルギー回生機構は減速時の運動エネルギーを利用して発電する

4-3 点火装置の役割

シリンダー内でのピストンの上昇によって混合気が圧縮された後、スパークプラグの火花で火をつけますが、一瞬のタイミングで確実に燃焼させるしくみはどうなっているのですか？

圧縮された混合気に火花を飛ばして燃焼（爆発）させる機構を「点火装置（イグニッションシステム）」と呼んでいます。点火装置の役割は、簡単にいえば「エンジン（それぞれのシリンダー）の状態に適したタイミングで強力な火花を飛ばして、混合気を完全に燃焼させる」ということです。現代のクルマは、コンピューターを駆使して点火タイミングをコントロールする電子制御イグニッションが普及していますが、まずは旧来のシステムによって点火装置の考え方を理解して下さい。

◾ 点火装置の主要部品（上図）

（1）イグニッションコイル

バッテリー電圧は通常12Vです。一方、プラグが火花を放電するのに必要な電圧は1万Vを大きく超えるのでこのままでは使えません。イグニッションコイルは、内部の鉄心に一次、二次の巻き数が大きく異なる2種類のコイルがセットされています。巻き数の少ない一次コイルにバッテリーからの電圧を加えておき、その回路を一瞬切断すると二次コイルに巻き数差に応じた電圧が発生します（電磁誘導作用）。

（2）ディストリビューター

一次コイルの電流をエンジンの回転を受けて一瞬切断する「ポイント（ブレーカー）＝断続機構」と、二次コイルに発生する高電圧を各シリンダーに取り付けられた「スパークプラグ」に分配する働き（配電機構）、エンジンの回転数やスロットルバルブの開度によって変化するインテークマニホールド内の負圧（バキューム）の大きさで点火時期を早める「進角機構」を持っています。機械的に接点を開閉する「ポイント」は、接点が開く際に発生する火花で焼損（焦げる）しやすく、トラブルの原因となっていたため、現在では使用されていません（下図）。

（3）スパークプラグ

シリンダーヘッドに取り付けられていて、先端の電極は燃焼室内に突き出ています。二次コイルからの電圧を受けて、この電極が放電し火花を発生します。自ら火花を発生するスパークプラグも焼損したり、燃焼によって汚れたりと定期的に清掃や交換が必要でしたが、現在は白金を電極に用いて10万キロの長寿命を達成したものも用いられています。

第2章 「力」を生み出す【エンジン編】

● 点火装置の構成

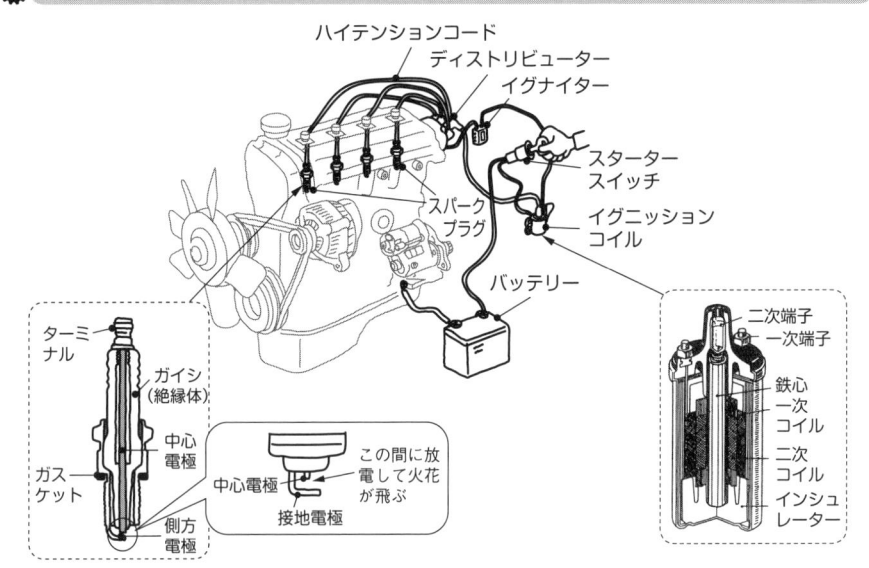

図中のラベル:
- ハイテンションコード
- ディストリビューター
- イグナイター
- スタータースイッチ
- スパークプラグ
- イグニッションコイル
- バッテリー

スパークプラグ部:
- ターミナル
- ガイシ(絶縁体)
- 中心電極
- ガスケット
- 側方電極
- この間に放電して火花が飛ぶ
- 接地電極

イグニッションコイル部:
- 二次端子
- 一次端子
- 鉄心
- 一次コイル
- 二次コイル
- インシュレーター

● ディストリビューターの構造と働き

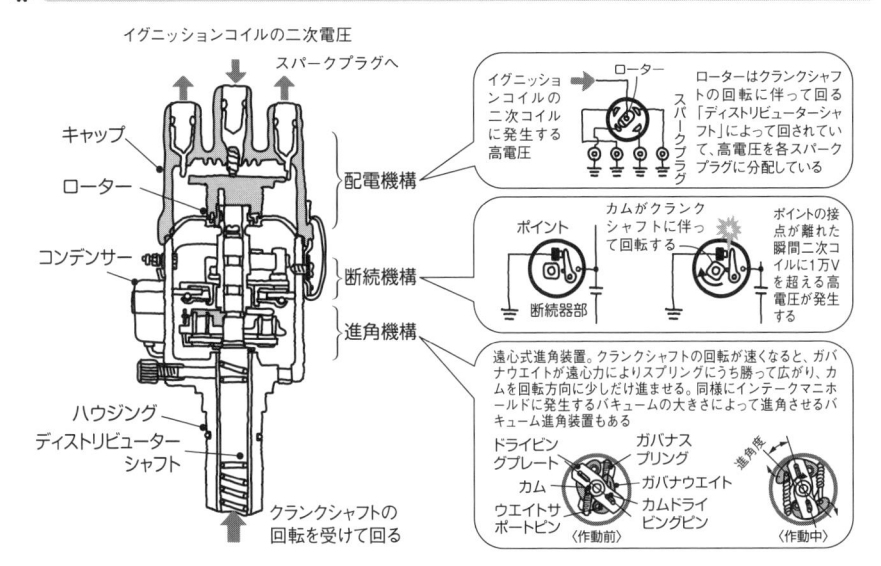

- イグニッションコイルの二次電圧
- スパークプラグへ
- キャップ
- ローター
- コンデンサー
- ハウジング
- ディストリビューターシャフト
- クランクシャフトの回転を受けて回る

配電機構: イグニッションコイルの二次コイルに発生する高電圧 → ローター → スパークプラグ
ローターはクランクシャフトの回転に伴って回る「ディストリビューターシャフト」によって回されていて、高電圧を各スパークプラグに分配している

断続機構: ポイント、断続器部、カムがクランクシャフトに伴って回転する。ポイントの接点が離れた瞬間二次コイルに1万Vを超える高電圧が発生する

進角機構: 遠心式進角装置。クランクシャフトの回転が速くなると、ガバナウエイトが遠心力によりスプリングにうち勝って広がり、カムを回転方向に少しだけ進ませる。同様にインテークマニホールドに発生するバキュームの大きさによって進角させるバキューム進角装置もある
- ドライビングプレート
- カム
- ウエイトサポートピン
- ガバナスプリング
- ガバナウエイト
- カムドライビングピン
- 〈作動前〉〈作動中〉 進角度

POINT
- ◎混合気に火花を飛ばす機構を点火装置(イグニッションシステム)という
- ◎点火装置は、イグニッションコイル、ディストリビューター、スパークプラグで構成される

4-4 進化した点火装置

前項で基本的な点火装置の働きと作動について見ましたが、エコエンジンなどコンピューターで制御されている現在のエンジンの点火装置はどのように進化しているのですか?

どんなシステムでも、進化の過程を飛ばして今と昔を比べると、突然変異のように見えるかもしれませんが、工業技術にはそれなりの歴史があるものです。ここでは、点火装置がどのように改良されてきたかを知るために、過程の一部と最新のシステムを紹介します。

■ポイント(断続機構)の欠点を克服したトランジスタ点火装置

ディストリビューター内に設けられ、一次電流を切断して二次コイルに高電圧を発生させるポイント(接点)は、発生する火花による焼損や電波障害を生む欠点がありました。そこで、一次電流の断・接を接点に頼らず、電気的に行うのが「トランジスタ点火装置」です。上図にある「ローター」の山が回転して「ピックアップコイル」に近づくと電圧が発生します。この微弱電圧を「イグナイター」と呼ばれる増幅器で増圧してイグニッションコイルに伝えて二次電圧を生み出します。

■二次電圧をシリンダーごとに発生させるダイレクト点火装置

トランジスタ点火装置により一次電流の遮断部には機械的な接点がなくなりましたが、ディストリビューターの配電部には、まだ二次電圧が機械的に配電されていました。ここでの欠点をなくす目的で作られたのが「ダイレクト点火装置」です。この方式では、各シリンダーに取り付けられたスパークプラグ・キャップごとに、イグニッションコイルとイグナイターが独立して取り付けられていて、トランジスタ点火装置のローターからの信号が送られてくるようになっています(中図、下・左図)。これにより、接点の焼損というトラブルが回避でき、プラグコードを通過する際起きる二次電圧の低下がなくなるだけでなく、シリンダーごとに点火タイミングを微調整できるという利点が生まれました。

■電子制御点火システムの誕生(下・右図)

ダイレクト点火装置によりエンジンの状態に合わせたより細かな点火タイミングの設定ができるようになりましたが、電子制御点火システムでは「カムポジションセンサー」「クランクポジションセンサー」などの信号に合わせ、多くのセンサーからの信号をエンジンコントロールコンピューターが分析、最適な点火時期を判断してシリンダーごとのイグナイターに信号を送り、スパークプラグを制御しています。

第2章 「力」を生み出す【エンジン編】

✪ トランジスタ点火装置

- マグネット
- ローター
- ピックアップコイル
- イグナイター
- イグニッションコイル

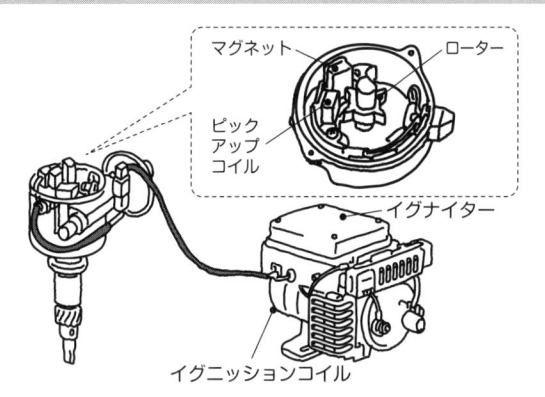

✪ ダイレクト点火装置

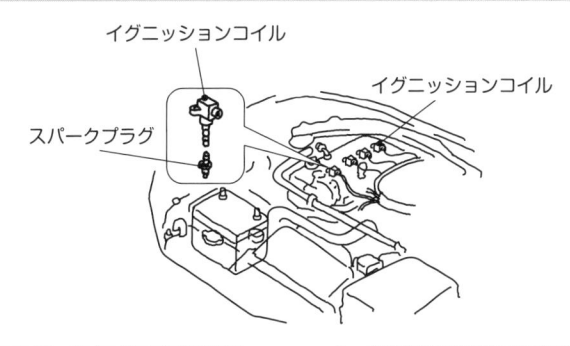

- イグニッションコイル
- イグニッションコイル
- スパークプラグ

✪ イグニッションコイル内蔵プラグキャップ

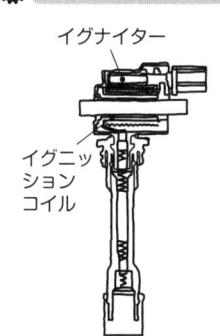

- イグナイター
- イグニッションコイル

ディストリビューターによる配電を行わないで高電圧の送電を短くするため、プラグキャップにイグナイターとイグニッションコイルを内蔵している。

✪ 電子制御点火システムの構成

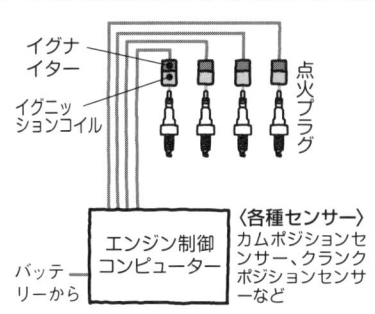

- イグナイター
- イグニッションコイル
- 点火プラグ
- バッテリーから
- エンジン制御コンピューター
- 〈各種センサー〉カムポジションセンサー、クランクポジションセンサーなど

POINT
◎トランジスタ点火装置は、ポイントに発生する火花によるトラブルをなくした
◎ダイレクト点火装置は、プラグコードの劣化と電圧降下を改善した
◎電子制御点火システムは、より緻密な点火タイミングの設定を可能にした

5. ガソリンエンジン以外の動力源と新世代の技術

5-1 ディーゼルエンジンの特徴

ディーゼルエンジンはトラックやバスなど大型車を中心に用いられていますが、燃料が軽油という以外にガソリンエンジンとどんな点が違うのですか？ また、乗用車には適さないエンジンなのでしょうか？

ガソリンエンジンとディーゼルエンジンの最大の差は、燃料がガソリンか軽油かという点です。44頁でも説明しましたが、軽油はガソリンに比べて引火点が高く、着火点が低い比較的安全な燃料です（表）。エンジン用として使用する場合、圧縮圧力を上げて燃焼室の空気を高温にし、その中に霧状にした軽油を吹きつけることで自然発火（着火）し燃焼させるので、点火装置不要のエンジンといえます（中図）。

■ディーゼルエンジンの基本的な作動

下図は、4サイクルディーゼルエンジンの各行程を示しています。この図を見る限りでは、4サイクルガソリンエンジンと何も変わらないように思えますが、ガソリンエンジンのスパークプラグが装着されている場所には「インジェクションノズル」が備えられ、スパークプラグの点火タイミングと同様、設定された時期に燃料を噴射するようになっています。

■ディーゼルエンジンの利点・欠点と現状

軽油を高温の空気で着火させるために、ディーゼルエンジンの圧縮比は17～20前後とガソリンエンジンの倍ほどに設定されています。また、ガソリンのように混合比に左右されにくい「希薄燃焼」が可能なので、何といっても熱効率が高く、燃費がよいことが最大の利点です。

一方、それだけの高圧縮比を保つためには、エンジンを頑丈にすることが必要で、重量が増すとともに高回転には向かず、振動も大きいので小型の乗用車には不向きといわれてきました。しかし、燃料システムの改良や、空気のみを圧縮するという特性から相性のいいターボを利用することで、低～中速回転で大きな力を発揮できるエンジンとして、1980～90年半ば頃までワンボックスや4WD車に多用され、小型乗用車用も存在しました。その後日本では、大気汚染の問題、特に都市部のスモッグの原因としてディーゼルスモークが取り上げられ、乗用車用のエンジンとしてはほとんど採用されなくなりました。

現在、新世代のディーゼルエンジンは、ヨーロッパを中心に低公害・低燃費のエンジンとして活躍しています。日本でもその流れを受けて新しいディーゼルが注目されています。

第2章 「力」を生み出す【エンジン編】

ガソリンと軽油の比較

	軽油		ガソリン
	30～200℃の範囲で留出	留出温度	200～300℃の範囲で留出
	蒸発しにくい	蒸発	蒸発しやすい
	40℃以上	引火点	－40℃以下
	約250℃	着火点	約300℃

引火点→炎を近づけたときに引火するような可燃性の蒸気を発生する最低の温度
着火点→炎を近づけなくても空気中で自然に燃え始める（自己発火する）温度
※数値は測定法や添加物等によって異なる

ディーゼルエンジンとガソリンエンジンの特徴

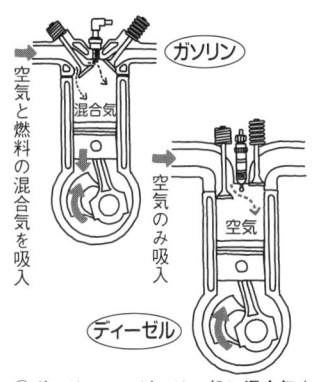

①ガソリンエンジンは一般に混合気を吸入。ディーゼルエンジンは空気のみ吸入

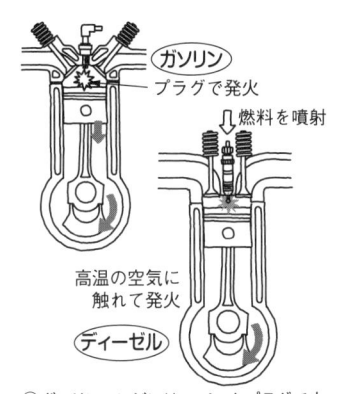

②ガソリンエンジンはスパークプラグで点火。ディーゼルエンジンは圧縮した空気に軽油をダイレクトに噴射して自然着火

4サイクルディーゼルエンジンの各行程

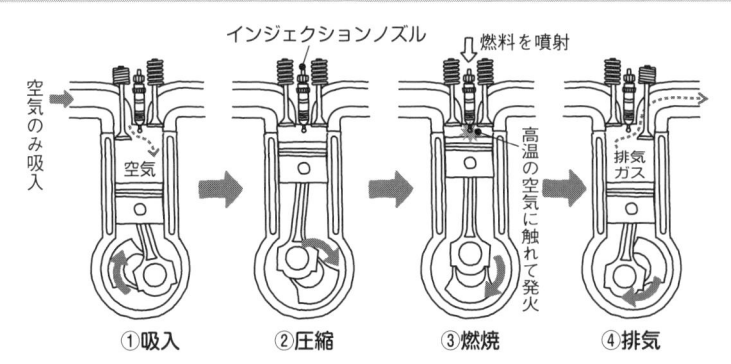

①吸入　②圧縮　③燃焼　④排気

POINT
- ◎ガソリンエンジンとディーゼルエンジンの相違点は燃料の特性に拠る
- ◎ディーゼルは圧縮比を高めた燃焼室に霧状の軽油を噴射して自然着火させる
- ◎新世代ディーゼルの登場により低公害・低燃費エンジンとして見直されている

5-2 新世代ディーゼルエンジンの概要

日本とは違って、ヨーロッパでは乗用車の多くがディーゼルエンジン搭載車だと聞きます。環境保護に非常に熱心なヨーロッパで、ディーゼルエンジンはどのように進化したのですか？

　クルマの燃費を改善し環境性能を高める手段として、ハイブリッド方式や電気自動車以外にもガソリンやディーゼルエンジンの基本性能を高めるという方法があります。そして、ディーゼルエンジンの性能を飛躍的に高めるための手段として用いられたのがコンピューターを利用した「電子制御化」でした。

▌コモンレール燃料噴射システムの採用

　ディーゼルエンジンを大きく変えたのは「コモンレール」方式の採用です。軽油を大きく圧縮してインジェクターで燃焼室内に噴射するという点では従来のものと変わりませんが、新方式では燃料ポンプからインジェクターの間に高圧になった燃料を蓄える部屋（コモンレール）があり、インジェクターは各種の信号からコンピューターが判断した最適のタイミングと量の燃料を即座に噴射することができるようになりました。これまで、ほぼ機械的に噴射時期や量がコントロールされていたことから考えると、燃焼状態は理想に近づき、大気汚染物質や黒煙も大きく減少したうえに、もともとの燃費のよさがさらに磨かれることになったのです（上図）。

▌ディーゼルエンジンに合った排出ガス浄化システムの採用

　コモンレール燃料噴射システムで排気ガスもかなりきれいになりましたが、環境に対する配慮から、次のような排出ガス浄化システムが採用されています（下図）。

①DPF（ディーゼルパティキュレートフィルター）：黒煙やススと呼ばれる粒子状物質を吸着させるフィルター。

②NOx吸蔵還元触媒：大気汚染物質である「NOx」を吸蔵・還元する触媒。

③尿素SCR：NOxを尿素と反応させて還元する触媒。尿素水タンクが別途必要。

　これらのディーゼルエンジン独自のシステムを採用することによって、排気管に白い布を近づけても黒くならないほど排気ガスが浄化されるようになっています。

　国産車の中には、従来のものより圧縮比を下げる（14：1程度）ことによって、ディーゼル用としては軽量、コンパクトなエンジンができています。さらに、より燃料を微粒化できるインジェクター、応答性を向上したターボチャージャー、始動時や寒冷時の燃焼を安定化させるバルブシステムなどが採用され、排出ガス浄化システムにできるだけ頼らない技術も確立されつつあります。

第2章 「力」を生み出す【エンジン編】

コモンレール燃料噴射システム

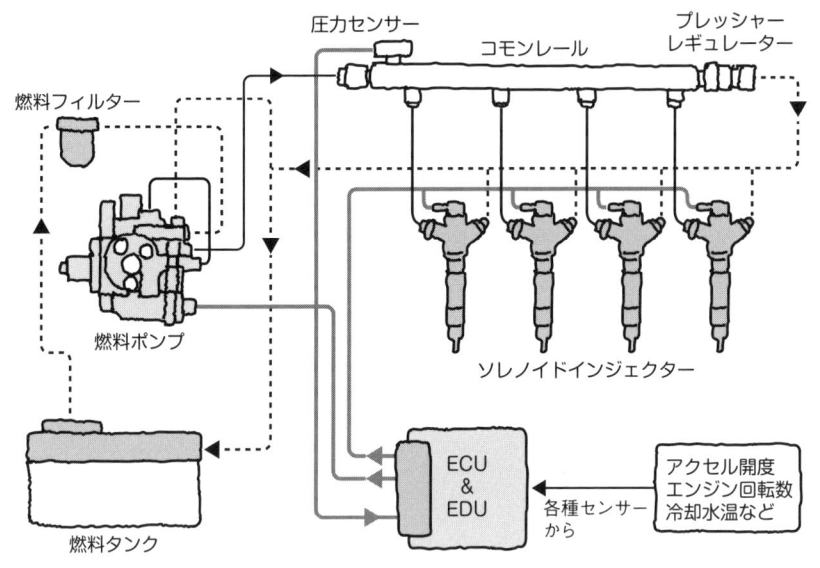

圧力センサー
コモンレール
プレッシャーレギュレーター
燃料フィルター
燃料ポンプ
ソレノイドインジェクター
燃料タンク
ECU & EDU
各種センサーから
アクセル開度
エンジン回転数
冷却水温など

※ ◀--- は「低圧」または「ドレーン」ライン

クリーンディーゼル排ガスシステム

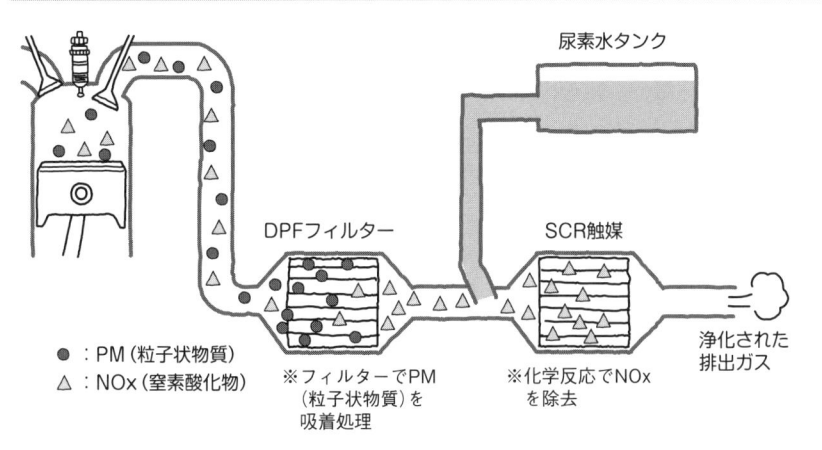

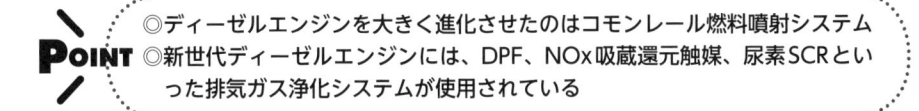

尿素水タンク
DPFフィルター
SCR触媒
浄化された排出ガス

● : PM（粒子状物質）
△ : NOx（窒素酸化物）

※フィルターでPM（粒子状物質）を吸着処理
※化学反応でNOxを除去

POINT
◎ディーゼルエンジンを大きく進化させたのはコモンレール燃料噴射システム
◎新世代ディーゼルエンジンには、DPF、NOx吸蔵還元触媒、尿素SCRといった排気ガス浄化システムが使用されている

5-3 ハイブリッドシステム

日本ではエコカー補助金や減税制度をきっかけに、ハイブリッド車が一気に普及した感がありますが、ハイブリッドシステムにはどのような種類と特徴があるのですか？

　ハイブリッドシステム搭載車、特にその代名詞であるトヨタ・プリウスは、1997年の登場以来多くの実績を積み重ねています。ガソリンエンジンとモーターという2つの動力源を備え、走行シーンに応じて協同で、または単独で働くというこのシステムも、すでに安定した技術になるとともに大量生産されることでコストも抑えられるようになってきました。

◼ 3種類のハイブリッドシステム

　トヨタが採用している方式を含め、ハイブリッドシステムの種類は大きく分けて3種類あります。その特徴をまとめると次のようになります。

①シリーズ方式：ガソリンエンジンなどで発電機を駆動し、発電した電力でモーターを動かして走ると同時に充電も行う。エンジンは基本的に発電用で、もっとも効率のいい状態で回るため燃費がよい。電気自動車（EV）の派生型とも考えられるシステム。日本ではあまり普及していない（図①）。

②パラレル方式：一般のクルマ同様、エンジンは走行用として使われる。モーターはエンジンに大きな負荷がかかる「発進」「加速」「登坂」といったときにエンジンを補助するほか、減速エネルギーを上手く回生して発電・充電を行う（図②）。

③シリーズ・パラレル方式：エンジンの効率が低いときはモーターで走行し、負荷が下がるとエンジンに切り替わり、発電しながら走行する。また、より大きな負荷がかかる場合は両方が助け合うというような複雑な動きをしている（図③）。

　上記の3方式のほか、外部電源で充電して短距離なら電気自動車（EV）として使える「プラグインハイブリッド」（図④）があります（次項参照）。

◼ ハイブリッドシステムの現状と今後

　現在、大人気のハイブリッドカーですが、国内でもすべてのメーカーが生産しているわけではなく、エコカーとしてEVを推奨するメーカーや、ガソリンやディーゼルエンジンの可能性をさらに追求しようとする動きもあります。またEVの中には、「シリーズ方式」を加えて走行距離を伸ばそうという車種も存在しています。燃費性能ばかりが話題に上るハイブリッドですが、今後は効率を高めたエンジンとの組み合わせやEVベースなど、よりバリエーションが広がる可能性を持っています。

第2章 「力」を生み出す【エンジン編】

ハイブリッドシステムの種類

①シリーズ方式

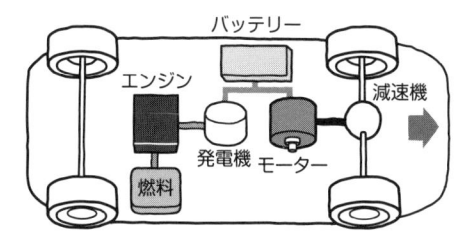

②パラレル方式

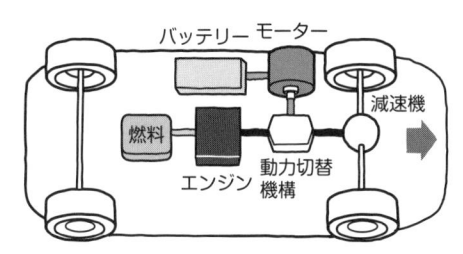

③シリーズ・パラレル方式

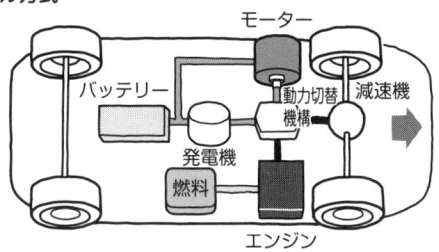

④プラグインハイブリッド
　（トヨタ方式）

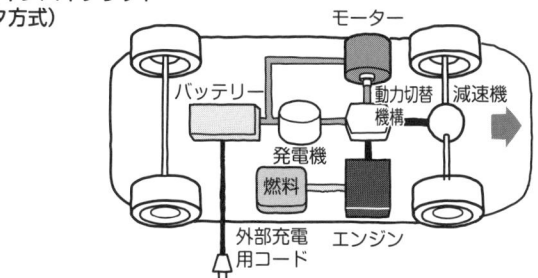

POINT
◎ハイブリッドにはシリーズ、パラレル、シリーズ・パラレルの3方式がある
◎現在普及しているハイブリッドシステムでは、エンジンの動力は走行用と発電用に分配され、発電した電力がモーターを回すとともに充電される

5-4 プラグインハイブリッドと電気自動車

最近、プラグインハイブリッドという言葉をよく耳にしますが、これはどういうシステムのことをいうのですか？　また、電気自動車(EV)との違いやそれぞれの特徴はどうなっているのでしょうか？

「プラグインハイブリッド」の"プラグイン"は、コンセントにコード（プラグ）をつなぐという意味を持っています（前項の図④参照）。自宅や外部に設置された充電施設のコードをクルマにつなぎ、バッテリーを充電して走るという点においては、EVもプラグインハイブリッドも同じです。

■近距離はEV、長距離はハイブリッド

プラグインハイブリッドのベースは"ハイブリッド車"です。簡単にいえば、ハイブリッドのバッテリー容量を増やして、自宅や充電施設のコンセントで充電できるようにしたのがプラグインハイブリッドです。これが登場した背景には、一般のドライバーが1日に走る距離は平均20数km程度というデータがあり、この距離はEVでカバーできると考えられました。ベースがハイブリッドですから、バッテリーが空になれば自動的にハイブリッドシステムに切り替わり、長距離走行時のバッテリー切れの不安もありません（上図）。

■EVの普及はバッテリーの進化と充電施設の充実による

一方、純粋なEVも一般に普及し始めています。下図はEVの構成部品を示していますが、ハイブリッドはもちろん、ガソリンエンジン車に比べてもシンプルで、バッテリーがもっともスペースを取っていることがわかります。

主な構成部品は、電気を貯めておく「バッテリー」、駆動力を生む小型・高効率の「モーター」、バッテリーとモーターを制御する「インバーター」、普通充電時に使用する「車載充電器」、「DC/DCコンバーター」などです。インバーターは、バッテリーの直流電流をモーターに必要な3相交流に変換するとともに、ドライバーのアクセル操作に応じて電流と電圧を調整してモーターに送ることで、エンジン車と同様に加減速ができるようにしています。さらに減速時には、モーターを交流発電器として利用し、ここで生まれた交流を直流に変えてバッテリーに充電する役割（回生機能）も果たして、少しでも走行距離を伸ばすように働きます。

現在、EVがフル充電で走行できる距離は長い車種で200kmを少し超える程度です。EVがさらに普及するためには、急速充電できるスタンドが全国にできるとともに、充電効率をさらに高めたより廉価なバッテリーの開発が求められています。

第2章 「力」を生み出す【エンジン編】

プラグインハイブリッドのメリット

バッテリー容量の問題から、ガソリンエンジン車と比べて走行可能距離が短いという弱点を補完したシステム。

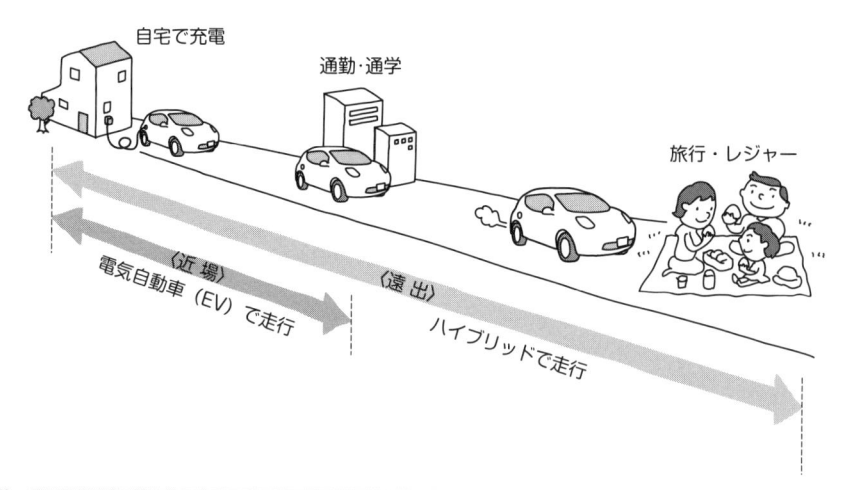

自宅で充電　通勤・通学　旅行・レジャー

〈近場〉電気自動車(EV)で走行　〈遠出〉ハイブリッドで走行

電気自動車(EV)の構造

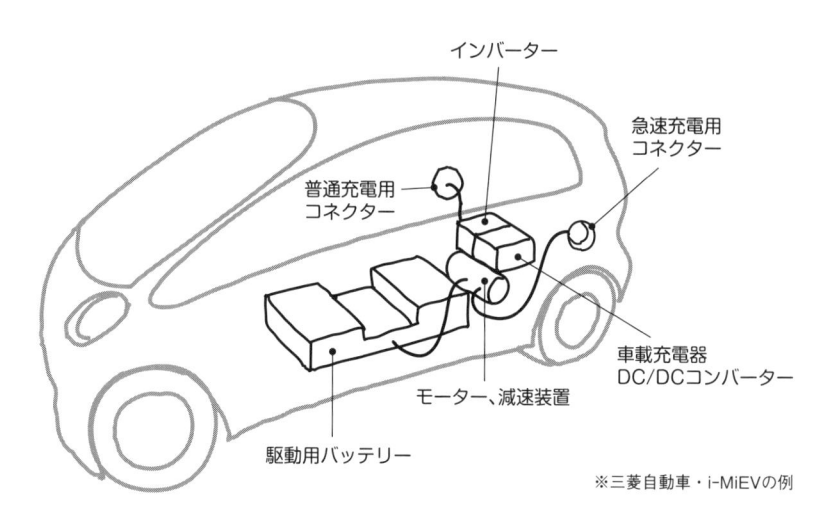

インバーター
急速充電用コネクター
普通充電用コネクター
車載充電器 DC/DCコンバーター
モーター、減速装置
駆動用バッテリー

※三菱自動車・i-MiEVの例

POINT
- ◎プラグインハイブリッドは、外部からハイブリッドシステムに電気を充電できるようにしたもので、近距離はEV、長距離はハイブリッドとして利用する
- ◎EVの普及には、バッテリーの進化と充電設備の充実が必要

5-5 アイドリングストップの効用

燃費を改善する技術の1つとしてアイドリングストップを採用するクルマが増えていますが、これは信号待ちなどの停車中、単にエンジンを切るだけのことなのですか？

「アイドリングストップ」を簡単にいってしまえば、信号待ちなどアイドリング状態でクルマが停止している間、エンジンを止めて燃費の改善を図ったり、排気ガスを抑制して、必要なタイミングで瞬時に再始動する技術のことです。一説では、都市部でクルマに乗っている時間の50％近くが信号停止や渋滞のためアイドリング状態になっているともいわれていて、これまではドライバーの自主的な操作でアイドリングストップが励行されてきましたが、ストップできる状況かどうかをクルマが判断し、自動的に行うようにしたのがこの技術です。

■アイドリングストップシステムの作動

アイドリングストップの技術はまだ新しく、各社で開発が続いている段階ですが、作動条件などには共通する点があります。例えば、「エンジンが完全に暖機されていること」「走り始めて一定の速度に達していること」などがそうです。また、逆にアイドリングストップしない条件として「渋滞時に極低速で発進、停止を繰り返すとき」や「駐車するために切り返し運転を行っているとき」「ある角度以上の勾配で停車するとき」などがそれにあたります。これらの状況の判断には、車輪速センサーや水温センサー、ステアリングの舵角センサーなどからの信号が利用されていて、CPU（コントロールユニット）で条件を満たしていると判断したときだけ作動するようになっています（上図）。

さらに、アイドリングストップする時間をできるだけ長くするために、ブレーキで完全に停止してからエンジンを止めるのではなく、ペダルを踏んで一定の速度まで減速した時点でエンジンを止めてしまうといった技術も採用されています。

■改良はバッテリーやスターターモーターに留まらない

このシステムでは、ドライバーに違和感を与えずにエンジンを停止し、ブレーキペダルから足を離すなどの条件がそろったら瞬時に再始動することが求められています。そのため、システム導入車には容量が大きく充電効率のよいバッテリーや、強化され作動音も抑えられたスターターモーターが採用されるようになっています（下図）。また、再始動に適した位置でピストンが停止するようにコントロールするエンジンも出てきており、今後ますますユニークな技術が開発されていきそうです。

第2章 「力」を生み出す【エンジン編】

アイドリングストップの作動

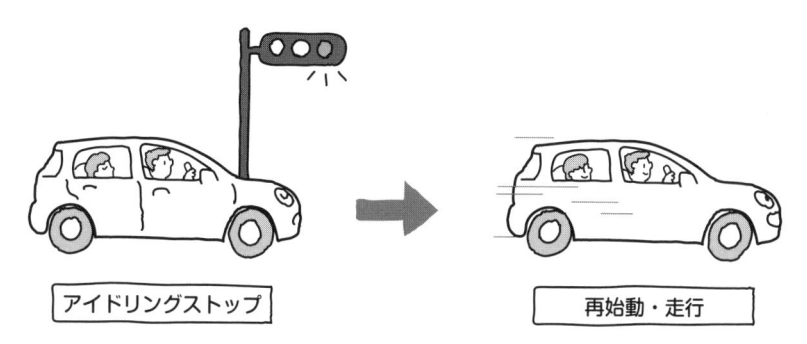

| アイドリングストップ | 再始動・走行 |

エンジンの暖気が済み、一定以上の速度に達してからブレーキペダルを踏んで、クルマを停止させると、エンジンが自動的にストップする。また、減速途中にある速度まで下がったら停止する前にエンジンをストップするクルマもある

ブレーキペダルから足を離すと、瞬時（1秒以下）に再始動する。再始動するための条件は、ブレーキ以外にハンドルを操作するなど、クルマによって異なる

スターターモーターの改良点

エンジン始動回数の大幅な増加に対応できるように、スターターモーター各部の強化や長寿命化が行われている。

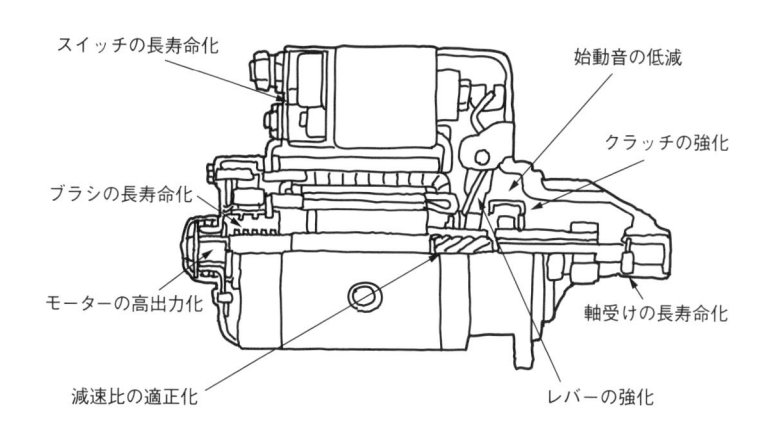

- スイッチの長寿命化
- 始動音の低減
- クラッチの強化
- ブラシの長寿命化
- モーターの高出力化
- 軸受けの長寿命化
- 減速比の適正化
- レバーの強化

POINT
◎アイドリングストップシステムは、一定の条件が満たされている状態でクルマが停止したときに自動的に作動する。また瞬時に再始動できるように、バッテリー、スターターモーターはもちろん、エンジンにも新技術が導入されつつある

COLUMN 2

大きく様変わりした
自動車整備

　筆者がクルマのメカニズムや働きについての執筆を始めたのは、1990年代の初め頃です。当時は、今では当たり前になっている「電子制御フューエルインジェクションシステム（燃料噴射装置）」もまだまだ一般的ではなく、キャブレターを用いたクルマが多数存在していました。

　エンジンの調子を音や吹け上がり方、プラグの焼け具合などで判断し、不具合箇所を見つけ出して数多くの部品の関わりを調整していく整備士の技術には憧れさえ覚えたものでした。

　とはいえ、当時からフューエルインジェクションの導入に積極的だったトヨタ、日産、ホンダなどのメーカーが販売していたクルマには「ダイアグノーシス」と呼ばれる"自己診断機能"を有したモデルがありました。これを搭載した車両は、エンジンの不具合を自ら診断し、故障箇所や状況をインジケーターランプの点滅などで表示してメカニック（整備士）に伝えるようになっていました。

　さて、現在。この本でも各所で紹介していますが、電装関連の部品は言うに及ばず、エンジン、トランスミッション、ブレーキ、サスペンションなど、数多くの部品にセンサーが取り付けられ、そこから集まる情報をコンピューターが分析して電気的にコントロールするのが当たり前になっています。こんな時代ですから、一度クルマの調子が悪くなると、以前のように整備士の"経験と勘"で整備するというわけにはなかなかいきません。

　そこで登場するのが「スキャンツール」と呼ばれる診断装置です。車載のコンピューターユニットに備えられた端子にこの装置を接続することで、さまざまな部品の作動状況を読み取り、状態を判断して故障箇所を特定できるようになっています。まさに現代のクルマの整備には欠かせないツールといえますが、クルマが急速にブラックボックス化していくのに一抹の寂しさを覚えるのは筆者だけでしょうか……。

第3章

「力」を伝える
【ドライブトレーン編】

The chapter of drive train

1. 「力」をつなぎ、伝えるシステム

1-1 エンジンからタイヤへ動力を伝達する

第2章までで、エンジンがさまざまな技術を駆使して"パワー"を生み出していることはわかりましたが、この生み出された力はどのような経路をたどってタイヤまで伝えられているのですか？

　エンジンが生み出した"パワー"をタイヤに伝える数多くの機構を総称して「ドライブトレーン（動力伝達機構）」といいます。ドライブトレーンに求められる役割は、①エンジンのパワーをムダなく伝達する、②必要に応じてエンジンのパワーを伝えない、③必要に応じてエンジンのパワーを変換する、④旋回時など左右のタイヤに適切に駆動力を配分する、⑤前後各2輪または4輪全部にパワーを伝えるなどです。ドライブトレーンを構成する代表的なシステムについてまとめておきます。

▌ドライブトレーンを構成するシステム（上図、中図、下図）

①クラッチ：マニュアルトランスミッション搭載車に装備されている。エンジンの回転力を後に続く「トランスミッション」に伝えるとともに、停車時や変速時などには回転力を切断できるようになっている。

②トルクコンバーター：オートマチックトランスミッション搭載車に装備されている。クラッチ同様、エンジンの回転力を伝えるとともに、条件がそろえば切断できる。さらにクラッチとは異なり、トルクコンバーターはエンジンのトルクを変換してアップさせるという働きを担っている。

③トランスミッション：坂道を登る、高速道路でスピードを出すなど、クルマの走行状態に応じてエンジンの回転力を変換させる装置。ギヤの組み合わせを変える方式と、ベルトで結ばれた2つのプーリー（滑車）の径を変えて無段階に回転力を変化させる方式（CVT）が用いられている。

④ディファレンシャル：エンジンの回転力が伝わる左右のタイヤは、クルマが直進しているときは同じ回転数で回っているので問題ないが、旋回中は内側は少ない距離を転がり、外側は多く転がるようになる。この旋回時のタイヤの回転差をスムーズに作り出す働きと、トランスミッションから伝わる回転力を変換してよりパワーを生み出す働きの2つの仕事をしている。

　その他として、エンジンがフロントにあり、リヤのタイヤを駆動するときに回転力を後に伝える「プロペラシャフト」、ディファレンシャルからタイヤまでの間の回転力を伝える「ドライブシャフト」、4輪駆動車の4つのタイヤに回転力を分配する「トランスファー」などがあります。

第3章 「力」を伝える【ドライブトレーン編】

🔧 FR車のドライブトレーン

- トランスミッション
- クラッチ
- エンジン
- タイヤ
- ドライブシャフト
- ディファレンシャル
- プロペラシャフト

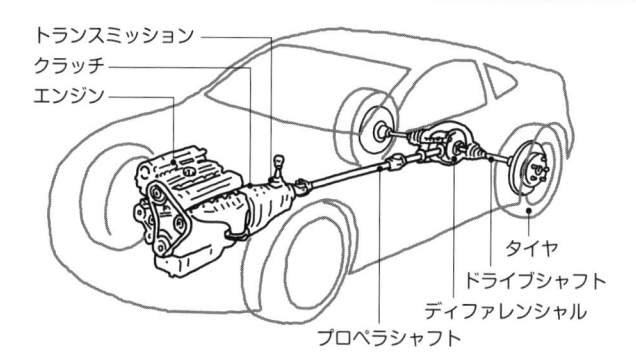

🔧 FF車のドライブトレーン

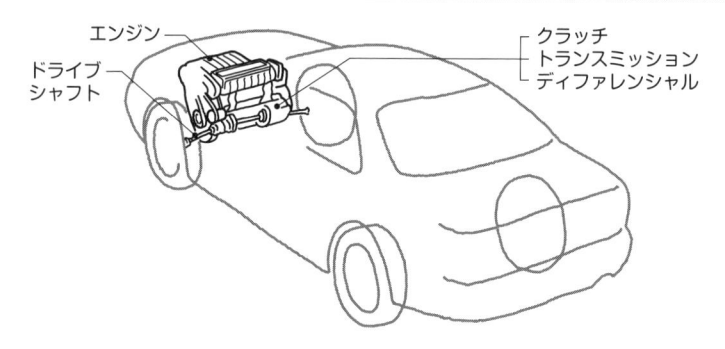

- エンジン
- ドライブシャフト
- クラッチ
- トランスミッション
- ディファレンシャル

🔧 動力伝達の流れ

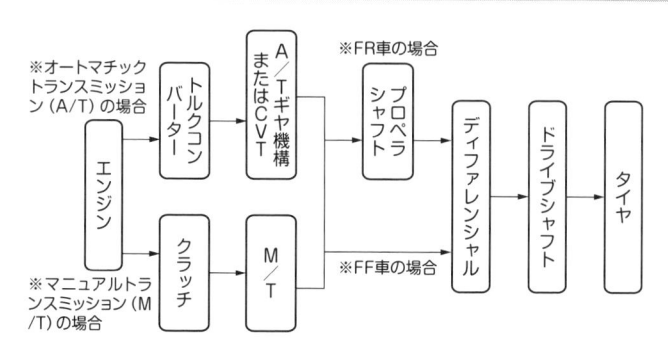

※オートマチックトランスミッション（A/T）の場合: エンジン → トルクコンバーター → A/Tギヤ機構またはCVT → （※FR車の場合）プロペラシャフト → ディファレンシャル → ドライブシャフト → タイヤ

※マニュアルトランスミッション（M/T）の場合: エンジン → クラッチ → M/T → （※FF車の場合）ディファレンシャル → ドライブシャフト → タイヤ

> **POINT**
> ◎ドライブトレーンは、エンジンの回転力をタイヤに伝える動力伝達機構
> ◎クラッチ、トルクコンバーター、トランスミッション、ディファレンシャルなどによって、エンジンの回転力をつなぎ、切り、変換し、分配している

1-2 クラッチの役割

マニュアル車用の免許を取らないと乗ることができないクルマには、アクセル、ブレーキとは別に「クラッチペダル」が付いています。このペダルと関連するシステムはどのような働きをしているのですか？

　マニュアル車の第3のペダルは、「クラッチ」を操作するためのものです。クラッチは、エンジンからの回転力を必要に応じてつないだり切ったりする断続装置です。オートマチックトランスミッションが広く普及している現在でも、「エンジンからの力がダイレクトに伝わりドライバーの意志でコントロールできる」「構造が簡単でコストが安い」「オートマチックトランスミッションに比べて燃費がいい」といった点からスポーツタイプのクルマや商用車などに用いられています。

◤クラッチの構造と作動

　上図はクラッチの構造を示しています。ペダルを踏まない状態で「クラッチディスク」は、クランクシャフトに直結したフライホイールに「ダイヤフラムスプリング」で押しつけられています。ダイヤフラムスプリングは板状のバネで、クラッチカバーをボルトでフライホイールに取り付ける際に、反り返ってバネとして働き、クラッチディスクとフライホイールを密着させるように押しつけ力を発揮します。このバネの力はエンジンの回転力を残らずクラッチディスクからそれにつながるトランスミッションに伝えるためのもので、滑ってはいけません。

　クラッチペダルを操作すると、ダイヤフラムスプリングの中心部に「レリーズベアリング」が押しつけられ、ダイヤフラムスプリングが"てこの原理"で、押しつけている方向とは逆に反り返り、クラッチディスクをフライホイールに押しつけている力が減少（半クラッチ状態）し、最後は押しつけ力がゼロ（クラッチオフ）になります（中図）。

　このようにクラッチは、エンジンからの回転力をトランスミッションに伝えたり、切ったり、また動き始めのときに必要な半クラッチ状態を作り出しているのです。

◤さまざまな機構に用いられている多板クラッチ

　マニュアル車用の摩擦クラッチとは別に、動力の断続には「多板クラッチ」と呼ばれる機構があり、オートマチックトランスミッションのギヤ機構や左右タイヤへのトルク伝達機構などに用いられています。

　構造は下図のようのもので、外枠のケースにはめられた円盤と内側のシャフトにつながる円盤をオイルの圧力などで押しつけて動力の断続をしています。

第3章 「力」を伝える【ドライブトレーン編】

クラッチの構造

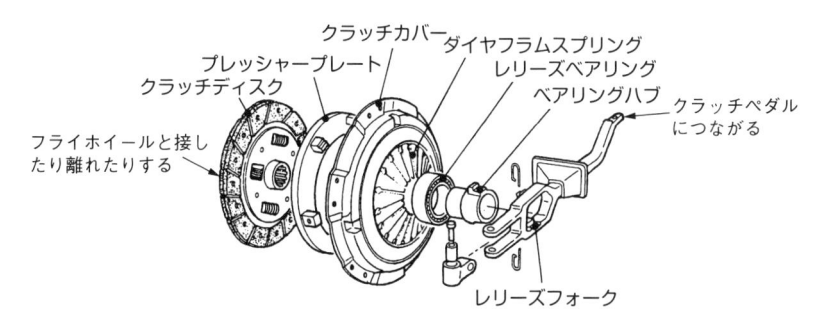

- クラッチディスク
- プレッシャープレート
- クラッチカバー
- ダイヤフラムスプリング
- レリーズベアリング
- ベアリングハブ
- クラッチペダルにつながる
- レリーズフォーク
- フライホイールと接したり離れたりする

クラッチの作動

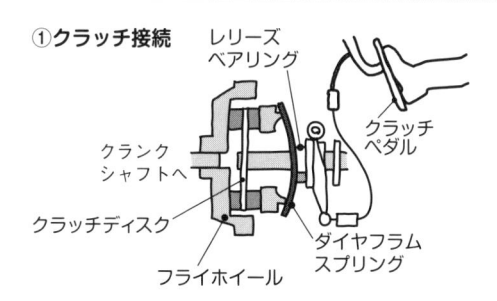

①クラッチ接続

- レリーズベアリング
- クラッチペダル
- クランクシャフトへ
- クラッチディスク
- フライホイール
- ダイヤフラムスプリング

ダイヤフラムスプリングによってクラッチディスクをフライホイールに押しつける

②クラッチ遮断

クラッチペダルを踏むとクラッチディスクが離れる

油圧式多板クラッチの作動

①クラッチOFFの状態
（油圧ピストンに圧力が加わっていない）

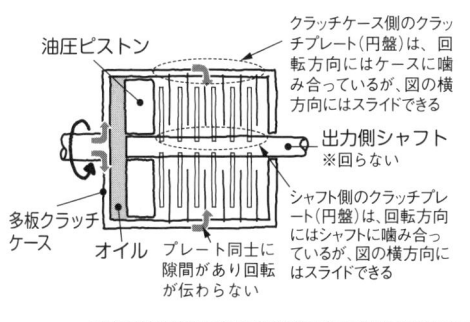

- 油圧ピストン
- クラッチケース側のクラッチプレート（円盤）は、回転方向にはケースに噛み合っているが、図の横方向にはスライドできる
- 出力側シャフト ※回らない
- シャフト側のクラッチプレート（円盤）は、回転方向にはシャフトに噛み合っているが、図の横方向にはスライドできる
- 多板クラッチケース
- オイル
- プレート同士に隙間があり回転が伝わらない

②クラッチONの状態
（油圧ピストンに圧力が加わっている）

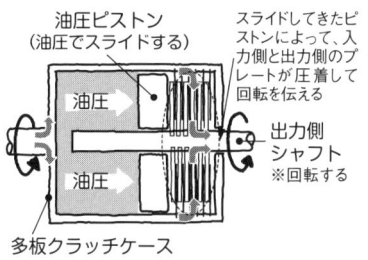

- 油圧ピストン（油圧でスライドする）
- スライドしてきたピストンによって、入力側と出力側のプレートが圧着して回転を伝える
- 油圧
- 出力側シャフト ※回転する
- 多板クラッチケース

POINT
◎クラッチには、①エンジンの回転力をトランスミッションにムダなく伝える、②エンジンの回転力を完全に切断する、③エンジンの回転力を徐々に伝えて半クラッチ状態を作るの3つの働きがある

1-3 減速作用の効果

オートマチック車では、Dレンジに入れておけばたいていはOKですが、マニュアル車の場合、通常1速からスタートして順番にシフトアップする必要があります。なぜ、走り始めは1速からなのですか？

　トランスミッションの構造や働きについては次項以降で詳しく説明するとして、ここでは、なぜトランスミッションによる「変速」が必要なのかを解説します。

　まず、21頁の「トルク」と「出力」のグラフをもう一度見て下さい。回転数に応じて大きくなる出力に比べると、トルクはその変動幅が小さいことがわかります。エンジンの生み出すトルク（回転力）は、排気量や気筒数でだいたい決まっています。アクセルを踏み込んで出力を大きくすることはできますが、止まっている状態からスタートするとき極端に回転を上げることはできませんし、クラッチへの負担も大きくなってしまいます。そのため、何らかの方法でクラッチ以降でトルクを変換し大きくする必要があるのです。

▌回転数を犠牲にして回転力を上げる……減速作用（上図、下図）

　乗用車は軽いものでも1t程度で、1.5t前後が普通です。これだけの重量のものを止まった状態から動かすのはもちろん、坂道発進ともなれば大きなトルクが必要です。坂道がつらいのは自転車に乗ればすぐにわかることですが、自転車にもギヤ付きのタイプが多いので、これを例に説明します。

　ギヤ付き（3段）の自転車では、発進時は通常1段でスタートします。このときのペダル側とタイヤ側のギヤの大きさは上図のようになっていて、楽にこげる代わりにペダルを1回転してもタイヤは1回転しません。2段にすると平坦路では楽にこげ、ペダル1回転でタイヤもほぼ1回転となりますが、スピードを出そうとするとペダルの回転を速くする必要があります。スタートして2段、3段とギヤチェンジすると、タイヤ側のギヤが小さくなるにつれてペダル1回転でタイヤが1.5回転、2回転と余分に回るようになります。負荷の少ない平坦路や下り坂では、こうしてペダルの回転よりタイヤの回転数を上げてスピードが出るようにしているのです。

　クルマでもこのようにギヤの組み合わせを変えるために「トランスミッション」が装備されていて、原理は自転車と同じです。クルマの場合、先ほど述べた重量の関係から、エンジンの回転数を犠牲にしてトルク（回転力）をアップするように変換するギヤの組み合わせが多く、このトルクアップの作用を「減速作用」と呼んでいます。これは、トランスミッション以外でもさまざまな機構に利用されています。

第3章 「力」を伝える【ドライブトレーン編】

自転車の変速作用

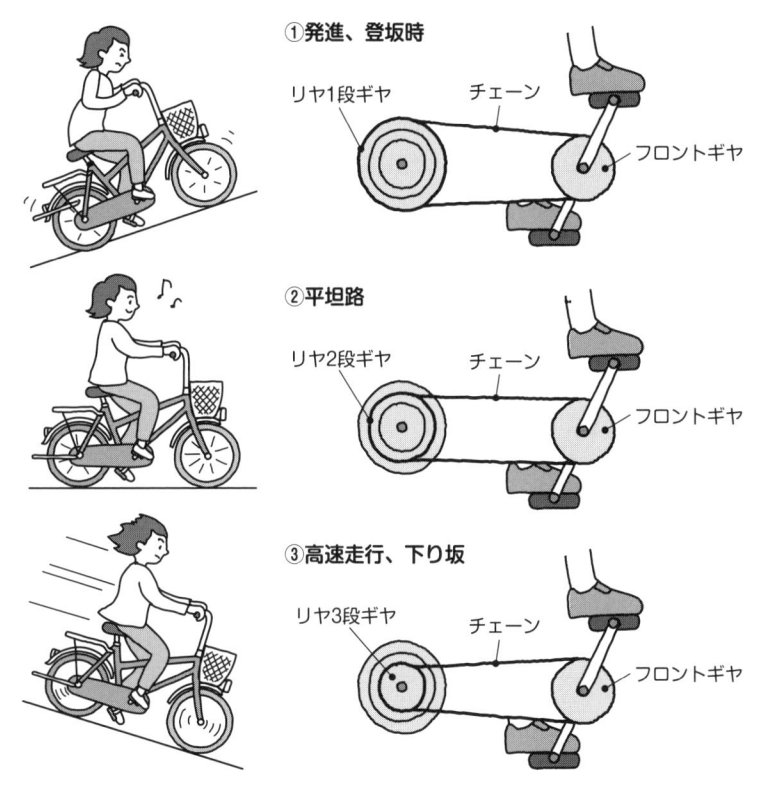

①発進、登坂時
リヤ1段ギヤ　チェーン　フロントギヤ

②平坦路
リヤ2段ギヤ　チェーン　フロントギヤ

③高速走行、下り坂
リヤ3段ギヤ　チェーン　フロントギヤ

ギヤの組み合わせによる変速比の違い

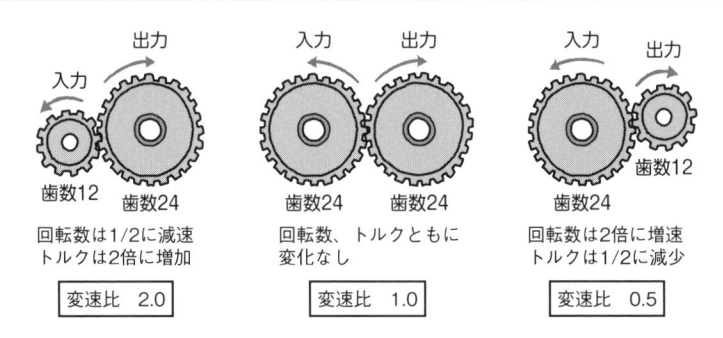

入力　出力
歯数12　歯数24
回転数は1/2に減速
トルクは2倍に増加
変速比　2.0

入力　出力
歯数24　歯数24
回転数、トルクともに変化なし
変速比　1.0

入力　出力
歯数24　歯数12
回転数は2倍に増速
トルクは1/2に減少
変速比　0.5

POINT
◎エンジンが発生するトルクはエンジン回転が速くなってもそれほど変化しない
◎エンジンの回転数をギヤの組み合わせなどで下げて、逆に回転力を大きくする作用を減速作用という

1-4 トランスミッションの役割とギヤ比

最近のクルマ、特にスポーツタイプ車のカタログでは「6速マニュアル」と書かれたものをよく目にします。以前は5速までが一般的だったと思いますが、なぜ変速段数が増えてきたのですか？

上図を見て下さい。これはFR車（16頁参照）のマニュアルトランスミッションのカット図です。最新のものではありませんが、前進5速、後退1速を切り替えるために数多くのギヤが並んでいるのがわかると思います。

■トランスミッションの働きは3つ

トランスミッションの働きは、主に次の3つです（中図）。

①変速：エンジンの回転を減速して、回転力に変換する（減速作用）。反対に回転力に余裕がある場合は増速してスピードを上げる。

②後退：エンジンの回転方向は一定なので、トランスミッションのギヤの組み合わせを変えて後退させる（リバース）。

③中立：エンジンが回っている状態で、信号停止などでクルマを止めるためにはクラッチペダルを踏み込んで回転の伝達を切る必要がある。そこでトランスミッションのギヤの噛み合いを断ち、中立（ニュートラル）状態を作る。

さて、最近のクルマはなぜ変速段数が増えてきたのか。カタログのトランスミッション欄には「変速比」が記載されていますが、前進5速のトランスミッションの場合、4速が1.000、6速の場合、5速が1.000となっています。この変速比＝1.000は、エンジンからトランスミッションに入力される回転数とトランスミッション以降に出力する回転数が同じであること、すなわち減速や増速を行っていない（直結状態、トップギヤ）ことを示しています。なお、変速比：1.000以下では増速されます（オーバートップ）。

下図を見て下さい。これは6速トランスミッションの各ギヤでの駆動力とスピードを示したもので、前進中に順にシフトアップしてエンジン回転を上げたときの変化を計測したものです。これを見ると、各変速ギヤにはパワー（駆動力）の出るピークがあり、それを過ぎると一気に力がなくなることがわかります。

各ギヤのピーク（山）を結ぶように変速していけば滑らかに加速することができるので、6速化（多段化）は、変速段数を増やし（クロスミッション化）て各速の駆動力のピークを近づけることでエンジンの生み出す力を有効に活用でき、よりスムーズな変速を可能にしているのです。

第3章 「力」を伝える【ドライブトレーン編】

5速マニュアルトランスミッション（FR車用）

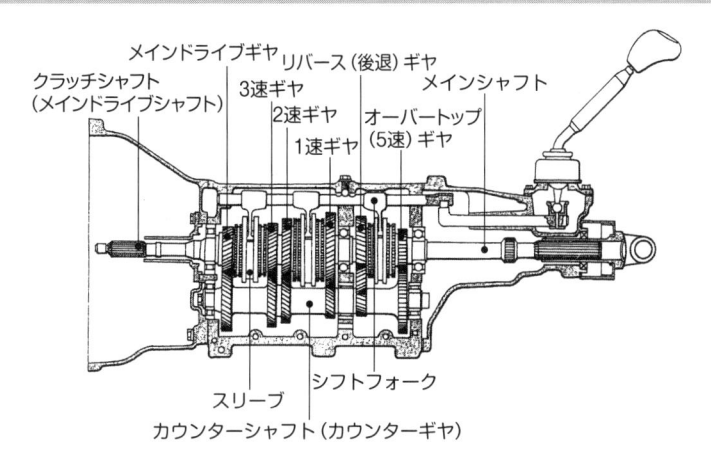

- クラッチシャフト（メインドライブシャフト）
- メインドライブギヤ
- 3速ギヤ
- リバース（後退）ギヤ
- 2速ギヤ
- メインシャフト
- 1速ギヤ
- オーバートップ（5速）ギヤ
- スリーブ
- シフトフォーク
- カウンターシャフト（カウンターギヤ）

トランスミッションの役割

その1：変速
2速 → 3速 → 4速

その2：後退

その3：中立

6速トランスミッションの各ギヤでの駆動力とスピードの例

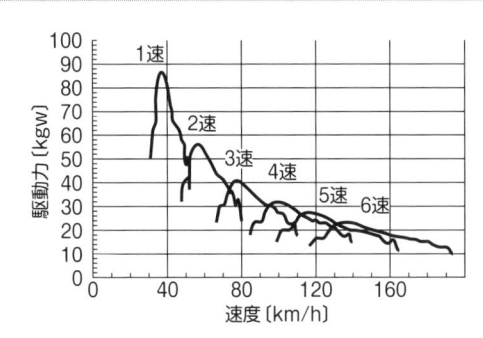

縦軸：駆動力（kgw） 0〜100
横軸：速度（km/h） 0〜160
1速、2速、3速、4速、5速、6速

POINT
- ◎トランスミッションの役割は、変速、後退、中立の3つ
- ◎変速比＝1.000（トップギヤ）は、エンジンの回転が直結された状態
- ◎多段化は、よりスムーズな変速を可能にする

1-5 マニュアルトランスミッションの構造と変速

前項のマニュアルトランスミッションのカット図を見ると、エンジンからの回転を伝えるシャフト上に並んだギヤの下にもう1組ギヤが並んでいますが、これらはどんな働きをするのですか？

上図は、前項のカット図を簡略化したものです。上下2本のシャフト（軸）上に多数のギヤが並んでいるように見えますが、上側のシャフトは前後2本が組み合わさったもので、エンジン側を「クラッチシャフト（メインドライブシャフト）」、出力側を「メインシャフト」と呼び、下側を「カウンターシャフト」と呼んでいます。

▌上下のギヤが常に噛み合っている常時噛み合い式

クラッチシャフトの前方には溝が切られていて、クラッチディスクにはめ込まれています（スプライン結合）。また後方には一体成型となっている「メインドライブギヤ」があり、クラッチが回るとこのギヤが一体となって回ります。

一方、カウンターシャフトのギヤはシャフトと一体成型されていますから、メインドライブギヤにかみ合うようにセットされているカウンターシャフトの一番前のギヤが回ると、カウンターシャフトとギヤがすべて回されます。

では、メインシャフトと同シャフト上のギヤはどうでしょうか。じつはメインシャフトとギヤは中立（ニュートラル）時は噛み合っていません。メインシャフト上の各変速ギヤは、カウンターシャフトの各ギヤと噛み合って、常に回されてはいるものの、ドライバーが変速動作をしない限りメインシャフトを軸に「空転」しているだけです。このように常に変速ギヤ同士が噛み合っている方式を「常時噛み合い式」と呼びます。

各段への変速はどのように行われるかというと、ドライバーがシフトレバーを動かすことで、メインシャフトと噛み合って前後にスライドできる「スリーブ」が動きます。このスリーブを通じてメインシャフトとメインシャフト上の1つのギヤを噛み合わせることで変速動作が完了します（中図）。

では、変速比：1.000のトップ状態ではどうなっているのでしょう。それは、クラッチシャフトと一体のメインドライブギヤ側にスリーブを動かして、クラッチシャフトとメインシャフトを一体化させ、クラッチの回転をそのままトランスミッションの出力回転としています。さらに後退（リバース）は、カウンターシャフトのギヤとメインシャフトのギヤの間にもう1つのギヤ（リバースギヤ）を挟んでいて、ここで回転方向を逆転させているのです（下図）。

第3章 「力」を伝える【ドライブトレーン編】

常時噛み合い式トランスミッションのしくみ

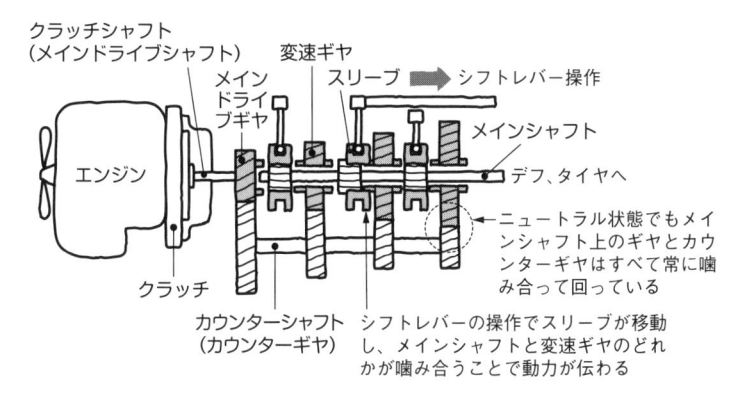

クラッチシャフト（メインドライブシャフト）
変速ギヤ
メインドライブギヤ
スリーブ → シフトレバー操作
エンジン
メインシャフト
デフ、タイヤへ
クラッチ
カウンターシャフト（カウンターギヤ）

ニュートラル状態でもメインシャフト上のギヤとカウンターギヤはすべて常に噛み合って回っている

シフトレバーの操作でスリーブが移動し、メインシャフトと変速ギヤのどれかが噛み合うことで動力が伝わる

常時噛み合い式トランスミッションの走行中の変速

変速を行う場合は、スリーブは必ずどのギヤとも噛み合っていない状態（ニュートラル位置）を通ることになる。

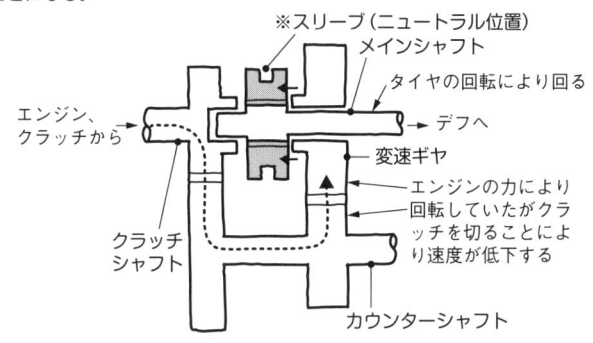

※スリーブ（ニュートラル位置）
メインシャフト
タイヤの回転により回る
エンジン、クラッチから
デフへ
変速ギヤ
エンジンの力により回転していたがクラッチを切ることにより速度が低下する
クラッチシャフト
カウンターシャフト

後退時のギヤの回転

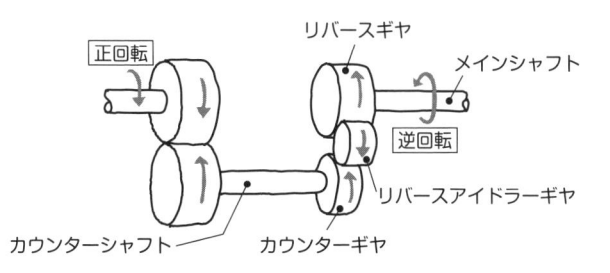

正回転
リバースギヤ
メインシャフト
逆回転
リバースアイドラーギヤ
カウンターシャフト
カウンターギヤ

POINT
◎マニュアルトランスミッションにはクラッチシャフト、カウンターシャフト、メインシャフトの3本のシャフトがあり、シャフト上のギヤが常に噛み合って回っている（常時噛み合い式）

1-6 シンクロメッシュ機構(同期装置)の働き

マニュアル車を運転していて変速動作(シフトアップ・シフトダウン)をしたとき、ガリッという大きな金属音を発することがあります。これは故障の前触れなのですか?

走行中に変速動作をする場合、ドライバーはクラッチペダルを踏んでクラッチを切ります。これでトランスミッションにはエンジンからの回転が伝わりません。さらにドライバーはシフトレバーを操作し、シフトアップ・シフトダウンのためにスリーブをスライドさせ、変速前に噛み合っていたギヤから他のギヤへ噛み合わせようとします。金属音が発生するのはこのときで、スリーブのギヤと変速しようとするギヤの噛み合いがスムーズにいかずにギヤ同士がぶつかってしまうのです。

▰ シャフトの回転差が問題

変速動作を始める直前まで、クラッチシャフト、カウンターシャフト、メインシャフトはギヤを介してバランスのとれた回転をしています。しかし、クラッチを切り、スリーブを動かしてギヤの噛み合いを解いた瞬間、バランスが崩れます。

細かく分析すると、クラッチシャフトとカウンターシャフト及びメインシャフト上で空転しているギヤはクラッチを切ったことでエンジンの影響を受けずに一気にスピードを落としますが、メインシャフトはタイヤとつながって回っているので、走行速度に応じて回り続けています。ここで、新たなギヤに変速しようとするとスリーブ(メインシャフトと同回転)とギヤの間には回転差があるのでぶつかり合うことになります。

▰ 摩擦力を利用するシンクロメッシュ機構(上図、下図)

マニュアルトランスミッションでは、スリーブとギヤの回転をどのように合わせているのでしょうか。上図は「シンクロメッシュ機構」の概念図ですが、回転の異なるギヤを噛み合わせようとする際、ギヤの歯がぶつかり合う前に摩擦力を発生させるクラッチ(シンクロナイザーリング)を相手のギヤにこすりつけて、ギヤの回転数をこちらと同じにすれば、よりスムーズに噛み合わせることができます。

クルマの変速の場合、クラッチを切ることで、クラッチシャフトとカウンターシャフトはどこからも力を受けることがないので、スリーブを動かすときに発生する摩擦力でメインシャフトの回転に同期させられることになります。なお、シンクロナイザーリングが摩耗していたり、クラッチがちゃんと切断されていないのに変速を強行するとギヤの回転が合わずに音が出ることがあります。

第3章 「力」を伝える【ドライブトレーン編】

シンクロメッシュ機構の考え方

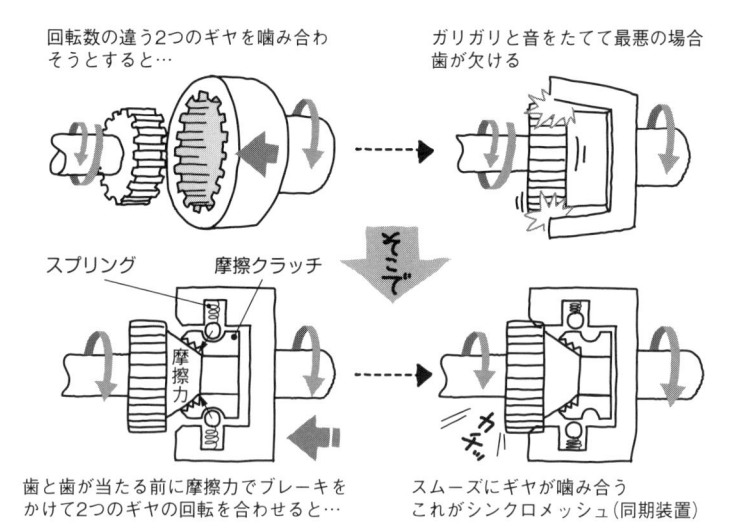

回転数の違う2つのギヤを噛み合わそうとすると…

ガリガリと音をたてて最悪の場合歯が欠ける

そこで

スプリング　摩擦クラッチ

摩擦力

歯と歯が当たる前に摩擦力でブレーキをかけて2つのギヤの回転を合わせると…

スムーズにギヤが噛み合うこれがシンクロメッシュ（同期装置）

シンクロメッシュ機構の断面図と分解図

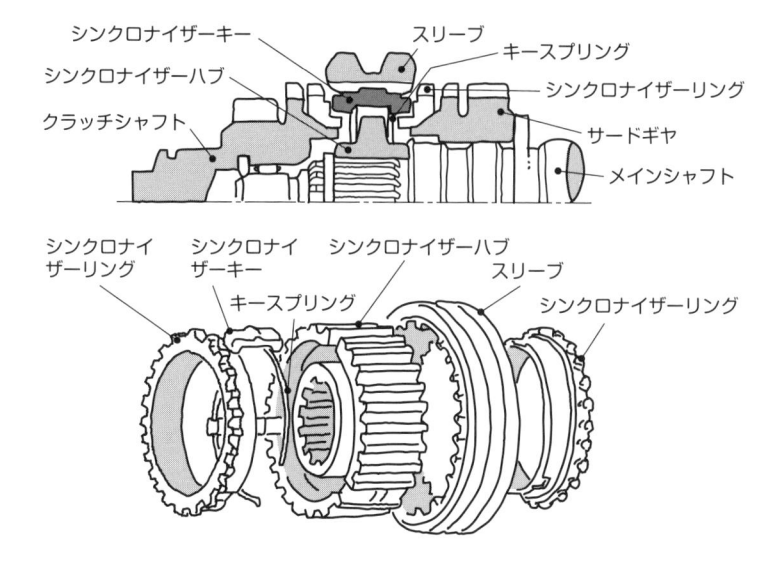

シンクロナイザーキー
スリーブ
キースプリング
シンクロナイザーハブ
シンクロナイザーリング
クラッチシャフト
サードギヤ
メインシャフト

シンクロナイザーリング
シンクロナイザーキー
シンクロナイザーハブ
スリーブ
キースプリング
シンクロナイザーリング

POINT　◎シンクロメッシュ機構（同期装置）は、変速時にスリーブと各変速ギヤに生じる回転数の差を摩擦力を使って合わせることでスムーズな変速を可能にしている

1-7 オートマチックトランスミッションの特徴

駐車場に停められているクルマを見ると、ほとんどがオートマチックトランスミッション(以下A/T)車のように思います。なぜ、A/Tはここまで普及したのですか?

現在、日本の乗用車のA/T普及率(CVT含む)は90％台後半にまで達し、燃費を気にするタクシーにまで採用されています。これまでA/Tは「加速が遅い」「燃費が悪い」といった欠点を指摘されてきましたが、技術革新によってマニュアルトランスミッション(以下M/T)と遜色のない性能を得られるようになり、渋滞が多いといった日本の道路事情も影響してここまで普及するようになりました。

◼ クラッチペダルの操作が不要

A/T車を運転する際、何といってもクラッチペダルの操作がいらないことが最大の利点です。信号停止もブレーキを踏んでいるだけ、ストップ＆ゴーが続く渋滞時でも平坦路ならブレーキ操作だけですみます。また、坂道発進でも微妙な"半クラッチ"が必要なく、後ろに下がることが少ないのも大きなメリットです。このようにいいことずくめのように思えるA/Tですが、M/Tと構造的にどのような点が違うのでしょうか。まずは、全体像を見ていくことにします。

◼ A/Tの特徴＝トルクコンバーターの特色

上図は5速A/Tのカット図ですが、エンジン側にあるのが「トルクコンバーター」で、その後ろにはギヤの組み合わせで変速する「副変速装置」が備わっています。トルクコンバーターは「オートマチックフルード(A/Tオイル)」を媒体としてエンジンの回転を副変速装置に伝える「流体クラッチ」の働きをするパーツで、A/Tが持つさまざまな特徴を生み出しているのです。

例えば「エンジンが回っているのにブレーキを踏むだけで止まっていられる」「クラッチを切らなくても変速できる」「坂道発進の際、ある程度の勾配まではブレーキを離してもバックしない(クリープ現象)」といったことは、オイルを媒体としたクラッチであるこのトルクコンバーターがあればこその特徴です(下図)。

また、副変速装置はM/Tのように変速の際にギヤの噛み合いを一度外して異なるギヤと噛み合わせるという方法ではなく、プラネタリーギヤ(遊星歯車)と呼ばれる特殊なシステムを持つギヤを使って、エンジンの回転を切断することなく変速できるようになっています。なお、このプラネタリーギヤは、買い物用自転車(外から変速ギヤが見えないのに変速できる内装ギヤ式)にも利用されています。

第3章 「力」を伝える【ドライブトレーン編】

5速A/Tの断面図

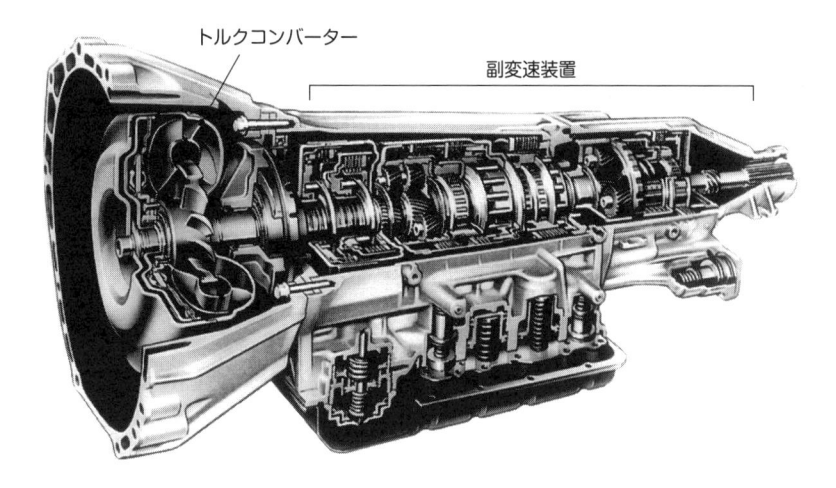

トルクコンバーター
副変速装置

トルクコンバーターあってのA/Tの特徴

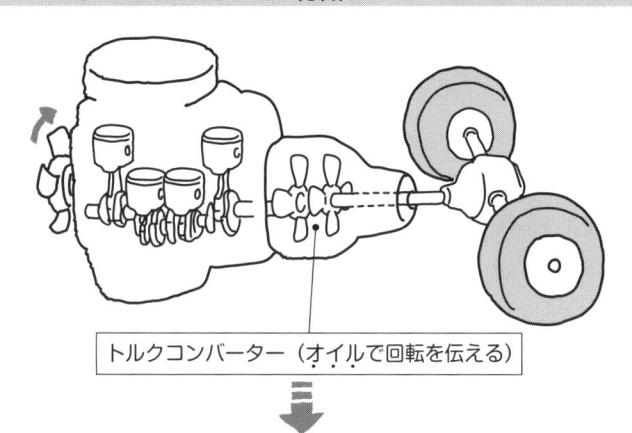

トルクコンバーター（オイルで回転を伝える）

A/Tの特徴はトルクコンバーターがあればこそ
① エンジンが回っていてもブレーキを踏めば止まっていられる
② 坂道発進の際、後ろに下がらない
③ 変速時、クラッチを切る必要がない

POINT
◎ A/Tが大きく普及したのはクラッチペダルの操作から開放されたから
◎ A/Tの特徴は、オイルを媒体として回転力を伝える「トルクコンバーター」と「プラネタリーギヤ」機構が生み出している

097

1-8 トルクコンバーターのしくみ

トルクコンバーターは「流体クラッチ」だという話をよく聞きますが、オイルを媒体にしているというだけで、どうしてM/Tのクラッチにはない数多くの特徴を備えることができるのですか？

「トルクコンバーター」の内部は、上図のようになっています。エンジンからの力を直接受けて回転する「ポンプインペラー」と、これが回転することで送り出されるA/Tオイルの流れを受けて回転する「タービンランナー」が向かい合っているほか、内部にはタービンランナーから出て来るオイルの向きを変えて、ポンプインペラーの羽根の裏側に当て、ポンプインペラーの回転を後押しするように働く「ステーター」の計3つの羽根が取り付けられています（中図）。

トルクコンバーターが持つ流体クラッチとしての作動の説明には、向かい合う2つの扇風機の例が用いられます。一方は電源につないでモーターで回し、他方は発生した風によって回転するというものです（101頁上図参照）。トルクコンバーターはこの扇風機が起こす風の代わりにオイルを使っています。また閉じたケースの中でオイルを回すので、扇風機の起こす風とは比較にならないほど力強く回転力を伝えることができます。トルクコンバーターが果たす「動力を伝達する機能」「エンジンが回っていても停止できる機能」「エンジン回転を切断しなくても変速できる機能」は、まさにオイルを使って回転力を伝達しているからこそ可能なのです。

■トルクコンバーターとは回転力を変換するシステム

では、トルクコンバーターの名前の由来ともなっている「回転（駆動）力を変換する」機能とはどのようなことを指すのでしょうか。

例えば、坂道発進でブレーキペダルを離すと、クルマはその場で止まっていて、アクセルを踏み込んでいくとともに坂を登っていくということがあります。下図の②で、エンジンの回転が高まっていない間は、ブレーキを踏まなくてもクルマは坂の途中で止まっていて、なかなか坂を登ってくれません。アクセルを踏み込んでエンジン回転が高くなるにつれて動き始め（下図③）、坂を登りきると、今度はアクセルを緩めなければスピードが出過ぎてしまいます（下図④）。

この一連の動きはトルクコンバーター内部でエンジンの回転上昇をトルクとして変換（トルク変換作用）し、強い駆動力を生み出しているからです。そして、この作用は内部に設けられたステーターがオイルの流れる方向を変えてポンプインペラーの背面から後押しするように働くことによって生まれています。

第3章 「力」を伝える【ドライブトレーン編】

◉ トルクコンバーターの断面図

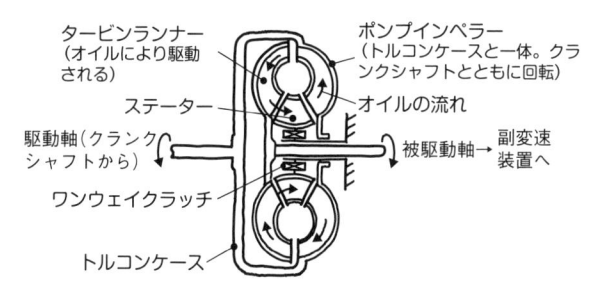

図中のラベル:
- タービンランナー（オイルにより駆動される）
- ステーター
- 駆動軸（クランクシャフトから）
- ワンウェイクラッチ
- トルコンケース
- ポンプインペラー（トルコンケースと一体。クランクシャフトとともに回転）
- オイルの流れ
- 被駆動軸
- 副変速装置へ

ポンプインペラーはエンジンのクランクシャフトに、タービンランナーは副変速装置の入力軸につながっている。そして、この2つはオイル（オートマチックフルード）によって結ばれている。

◉ ステーターの役割

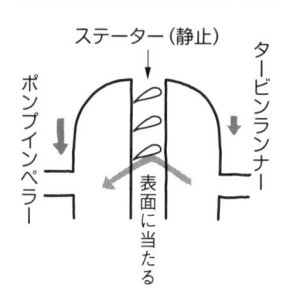

図中のラベル:
- ステーター（静止）
- ポンプインペラー
- タービンランナー
- 表面に当たる

ポンプインペラーが回転することで送り出されたオイルは、タービンランナーに回転力を伝えた後、そのままではポンプインペラーの回転を邪魔するように戻ってしまう。しかし、ステーターがあることで、ポンプインペラーの回転を後押しする方向に向きを変えられるようになっている。

◉ トルク変換作用のイメージ

①坂道で停止している状態
エンジンの生み出す回転力（アイドリング状態）
クルマはブレーキで止まっている

②登坂初期
アクセルを踏んでエンジンの回転数が上昇し、トルクコンバーターがトルク変換作用を始めるが、ブレーキを離してもクルマはまだ自重で止まっている

③登坂中
さらにアクセルを踏むとエンジンの回転数が上がり、トルクコンバーターのトルク変換作用が活発化してクルマを登坂させる

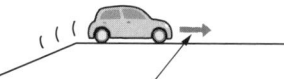

④登坂終了
坂道を登り終えると、アクセルを戻さなければスピードが出過ぎてしまう

POINT
- ◎ポンプインペラーとタービンランナーは流体クラッチとして働く
- ◎ステーターはエンジンの回転をトルクに変換（トルク変換作用）して駆動力をアップさせている

1-9 トルク変換のメカニズム（1）

トルクコンバーターが「エンジンの回転を駆動力に変換している」ことはイメージできるのですが、その考え方やメカニズムはどのようになっているのですか？

まず、トルクコンバーター内部のオイル（A/Tフルード）の流れを理解しましょう。

◢残留エネルギーを利用する

前項でも述べましたが、トルクコンバーターの説明では2台の扇風機のことが例として出てきます。電源に接続されてスイッチの入った扇風機Aが発生する風の力を受けて、スイッチの入っていない扇風機Bも回るというものです（上図）。この原理を使って空気をオイルに置き換えたのが「流体クラッチ（フルードカップリング）」です。この場合「トルク変換作用」はなく、扇風機Bの回転力が扇風機Aを超えることはありません。そこで、注目していただきたいのが扇風機Bを回し終わった後の風です。この風にはまだ力（残留エネルギー）が残っていますが、このままではその力を利用することができず、ただムダに捨ててしまっています。

◢トルクアップ効果の考え方

では、扇風機の話を別の例に置き換えてみます。中図では、ピッチャー（ポンプインペラー）とキャッチャーA（タービンランナー）が向き合ってキャッチボールをしています。ピッチャーは1球ずつ投げるのではなく、間断なく連続してボールを投げているとします。キャッチャーAもいちいち返球するのではなく、カーブした楯を持ってボールをピッチャーに跳ね返します。なお、キャッチャーAはスパイクではなく、ローラースケートを履いていると思って下さい。

① キャッチャーAの後ろには車止めがあり下がることができないので、ピッチャーの投げるボールに必死で耐えていますが、これでは扇風機の例と大差ありません。

② キャッチャーAの跳ね返したボールにはまだ勢いが残っているので、ピッチャーの後ろにもう1人キャッチャーB（ステーター）を楯を持たせて立たせます。すると、キャッチャーBの楯で跳ね返ったボールがピッチャーの投げ続けるボールを後押しするように働き、ボールの威力が増します（トルクアップ効果：下図）。

トルクコンバーターではこのように3つの羽根が相互に働いて、回転力を伝えると同時に回転力を増幅するように働いています。なお、トルク変換作用はキャッチャーAが止まっているときが最大で、車止め（ブレーキ）が外れてAが後ろに下がるようになると徐々に跳ね返るボールの勢いがなくなってしまいます。

第3章 「力」を伝える【ドライブトレーン編】

⚙ トルクコンバーターにおける動力伝達の考え方

風のエネルギーは
まだ残っている

⚙ トルクコンバーターの考え方

キャッチャーAにもっとも大きな力が加わるのは、Aが止まっているとき。

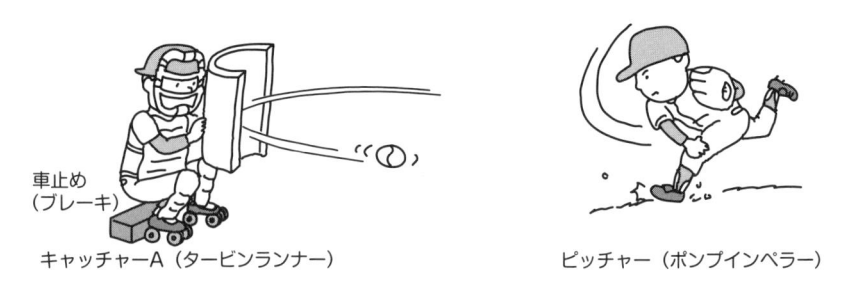

車止め
（ブレーキ）

キャッチャーA（タービンランナー）

ピッチャー（ポンプインペラー）

⚙ トルクアップ効果の考え方

キャッチャーBで跳ね返ったボールに飛ぶ力が残っている場合、次にピッチャーが投げるボールを後ろから"押す"ことが可能。これがトルクコンバーターのトルクアップ作用に当たる。

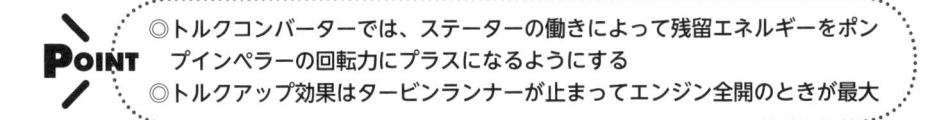

キャッチャーA
（タービンランナー）

キャッチャーB
（ステーター）

トルクアップ効果

ピッチャー
（ポンプインペラー）

ブレーキを外すと後ろに下がり出し、ボールの勢いが減る

POINT
◎トルクコンバーターでは、ステーターの働きによって残留エネルギーをポンプインペラーの回転力にプラスになるようにする
◎トルクアップ効果はタービンランナーが止まってエンジン全開のときが最大

1-10 トルク変換のメカニズム（2）

トルク変換作用においては、タービンランナーから返ってくるオイルの流れをステーターがコントロールしていますが、実際のトルクコンバーターの内部ではどのようなことが起こっているのですか？

■オイルの流れとトルクアップ効果

　図はトルクコンバーター内のオイルの流れを外周と内周に分けて表現しています。ポンプインペラーとタービンランナーの回転に差があるときは、ポンプインペラーからのオイルは、遠心力でタービンランナー側に飛び出す力とポンプインペラーの回転方向の力が合わさった方向に飛び出します。タービンランナーは、ポンプインペラーとの回転差分だけ同じ回転方向の力を受けて回転力を高めていきます。一方ポンプインペラーは、エンジンからの力だけでなく、タービンランナーから返ってくるオイルに残されたエネルギー（残留エネルギー）をステーターの働きで自分自身の回転力にプラスし、ますます力強く回るようになります（トルクアップ効果）。

　タービンランナーの回転数が上昇して、ポンプインペラーと同程度になると、オイルは遠心力で両者の間を回り、結合するように働きます。この際、タービンランナーから出たオイルはステーターの背面に当たり、ポンプインペラーの動きを阻害するようになります。そこで、ステーターに設けられたワンウェイクラッチ（一方方向のみ動かせるストッパー）の働きで、ステーターはオイルの流れを阻害しないように回転し始めます。なお、ステーターのトルクアップ効果が最大になるのは、タービンランナーが止まっている（ブレーキをかけている）状態で、ポンプインペラーがエンジン全開で回される場合となります。

　トルクコンバーターの解説の最後として、99頁の下図をもう一度見て下さい（図にある太い矢印がトルクコンバーターによって変換されたトルク・駆動力の量）。①のアイドリング時は、エンジン回転が低いためトルクコンバーターのトルク変換量も高くありません。②〜③になるとアクセルペダルの踏み込みに応じてエンジン回転が上昇しトルク変換量も高くなり、車重に勝ったところでクルマが動き出します。

　「これってエンジン回転が上がってパワーが出たからじゃないの？」と考える人がいるかもしれませんが、トルク変換機能を持たない流体クラッチ（フルードカップリング）の場合、エンジンのトルクを1以上にはできないので、発生トルクの低いエンジンでは、よほど回転を上げて発進しないと坂道は登れません（トルクコンバーターのトルク変換率はエンジントルクの2〜3倍程度）。

第3章 「力」を伝える【ドライブトレーン編】

トルクコンバーター内部のオイルの流れとトルク変換作用

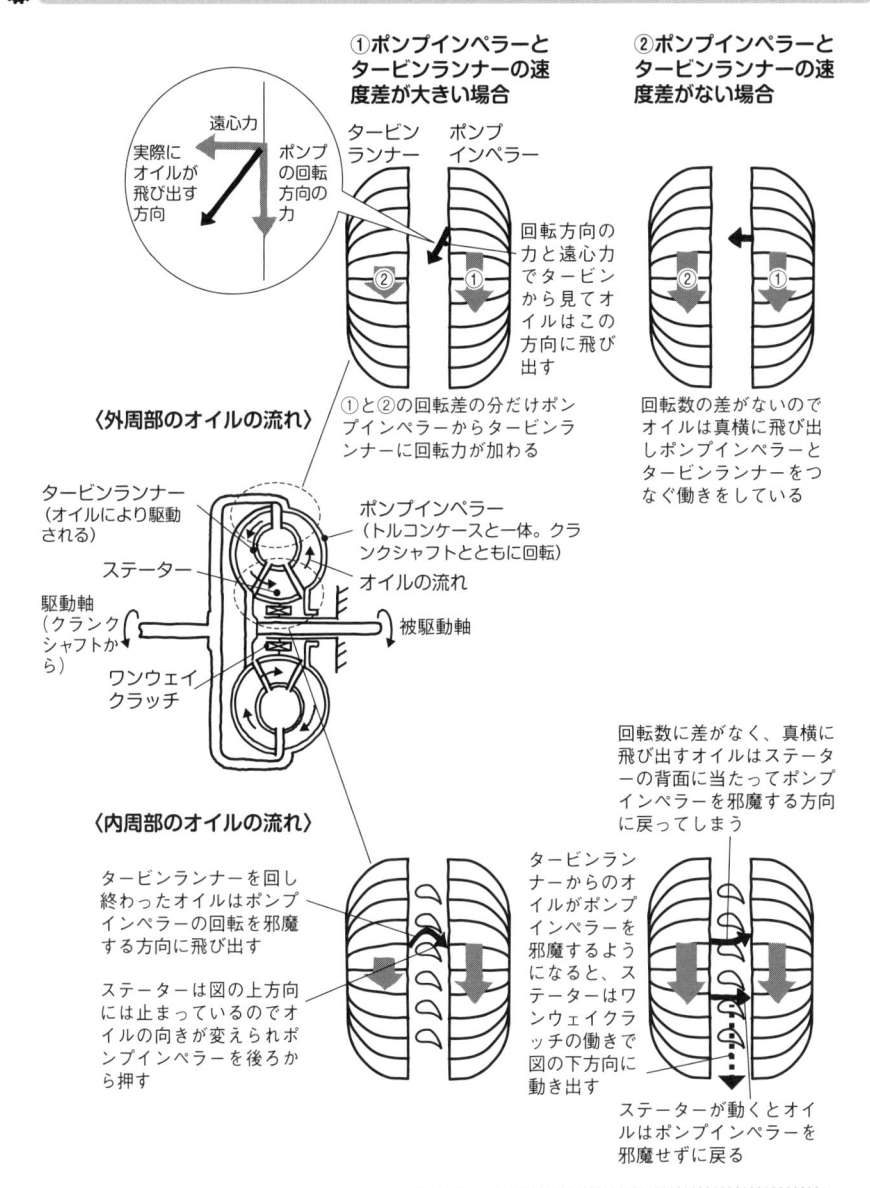

①ポンプインペラーとタービンランナーの速度差が大きい場合

遠心力
実際にオイルが飛び出す方向
ポンプの回転方向の力

タービンランナー　ポンプインペラー

回転方向の力と遠心力でタービンから見てオイルはこの方向に飛び出す

①と②の回転差の分だけポンプインペラーからタービンランナーに回転力が加わる

②ポンプインペラーとタービンランナーの速度差がない場合

回転数の差がないのでオイルは真横に飛び出しポンプインペラーとタービンランナーをつなぐ働きをしている

〈外周部のオイルの流れ〉

- タービンランナー（オイルにより駆動される）
- ステーター
- 駆動軸（クランクシャフトから）
- ワンウェイクラッチ
- ポンプインペラー（トルコンケースと一体。クランクシャフトとともに回転）
- オイルの流れ
- 被駆動軸

〈内周部のオイルの流れ〉

タービンランナーを回し終わったオイルはポンプインペラーの回転を邪魔する方向に飛び出す

ステーターは図の上方向には止まっているのでオイルの向きが変えられポンプインペラーを後ろから押す

タービンランナーからのオイルがポンプインペラーを邪魔するようになると、ステーターはワンウェイクラッチの働きで図の下方向に動き出す

回転数に差がなく、真横に飛び出すオイルはステーターの背面に当たってポンプインペラーを邪魔する方向に戻ってしまう

ステーターが動くとオイルはポンプインペラーを邪魔せずに戻る

> **POINT**
> ◎トルクコンバーターは、ポンプインペラーとタービンランナーに回転差があるほどトルクアップ効果を発揮するが、差がなくなるとステーターのワンウェイクラッチが作動して両者を一体化させる（フルードカップリング）ように働く

1-11 副変速装置のしくみ

A/Tには「副変速装置」が設けられていますが、そのしくみはどうなっているのですか？　また、複雑だといわれる「プラネタリーギヤ」にはどんな工夫がされているのでしょうか？

　トルクコンバーターが持つトルク変換能力は、エンジンが発生するトルクの2～3倍ほどで、M/Tの1速のギヤ変速比：約3.5～4.0には達していません。そこでA/Tにはさらにトルクアップを図るためギヤによる副変速装置が設けられています。

■回転を続けながら変速できるプラネタリーギヤ

　上図は、A/Tの副変速装置に用いられている「プラネタリーギヤ」とその組み合わせの略図です。この図から副変速装置の全体像を理解するのは困難ですが、プラネタリーギヤがM/Tのギヤシステムと大きく異なっていることはわかります。プラネタリーギヤは、「リングギヤ（インターナルギヤ）」「サンギヤ」「プラネタリーピニオン（以下ピニオン）」「キャリア」で構成されています。これらの内、ピニオンはサンギヤとリングギヤにギヤの歯で噛み合っていて、リングギヤとは同方向に、またサンギヤとは逆方向に回転を伝えます。キャリアは数個のピニオンを支える役目をすると同時に、変速作用時に大きな役割を果たします。

■3要素の入力、固定、出力を変えることでギヤ比、回転方向が変わる

　プラネタリーギヤでは、これらリングギヤ、サンギヤ、キャリアの3つをギヤとして考え、これらのどれかを固定し、どれから入力すると残りの1つから出力します。例えば中図の①はリバース、②はオーバートップ（増速）の状態を表しています。また②でリングギヤを入力にすると、キャリアは逆に減速し、トップギヤ未満の変速段に使用されます。なお、この図において手で表現された「固定」はブレーキ機構で、また入力はトルクコンバーターからの出力が加わっていると考えて下さい。このように副変速装置のギヤ機構では、プラネタリーギヤの作動パターンをさまざまに組み合わせて減速、増速、逆転状態を生み出しているのです。

　なお、下図のようにサンギヤを固定してキャリアを1回転するとリングギヤは1回転とサンギヤの歯数分だけ回転します（増速）。この状態を分析するとキャリアを回すことでリングギヤがともに1回転するだけでなく、ピニオンがサンギヤと噛み合いながら自転し、自身の回転をリングギヤに伝える動きの2つが組み合わさったものであることがわかります。このことから、キャリアはリングギヤの歯数とサンギヤの歯数をあわせ持ったギヤだと考えることができるのです。

第3章 「力」を伝える【ドライブトレーン編】

⚙ プラネタリーギヤ

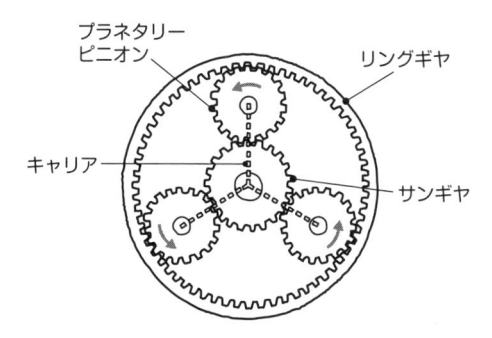

プラネタリーピニオン
リングギヤ
キャリア
サンギヤ

⚙ プラネタリーギヤの作動

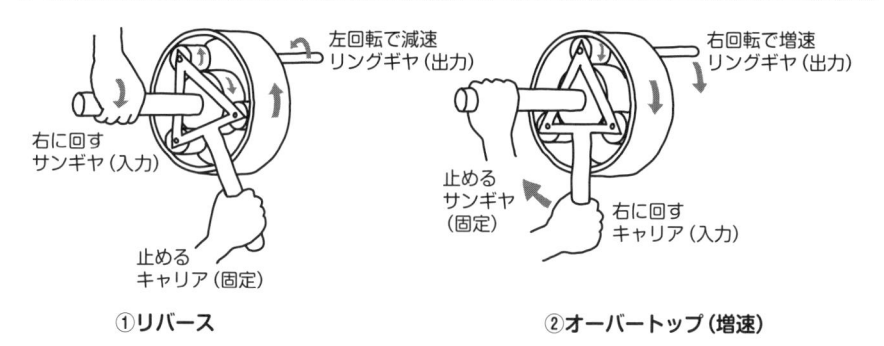

左回転で減速
リングギヤ（出力）
右に回す
サンギヤ（入力）
止める
キャリア（固定）

①リバース

右回転で増速
リングギヤ（出力）
止める
サンギヤ（固定）
右に回す
キャリア（入力）

②オーバートップ（増速）

⚙ サンギヤを固定してキャリアを1回転したときのリングギヤの回転

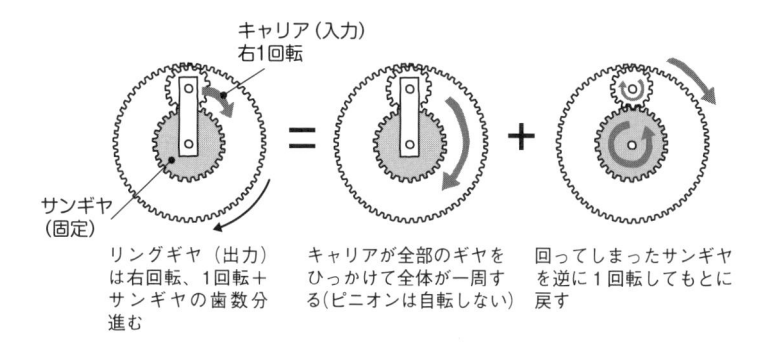

キャリア（入力）
右1回転
サンギヤ（固定）

リングギヤ（出力）は右回転、1回転＋サンギヤの歯数分進む

キャリアが全部のギヤをひっかけて全体が一周する（ピニオンは自転しない）

回ってしまったサンギヤを逆に1回転してもとに戻す

> **POINT**
> ◎副変速装置はトルクコンバーターのトルク変換作用を補助するように働く
> ◎プラネタリーギヤはリングギヤ、キャリア、サンギヤの3要素を持ち、これらの固定、入力、出力を切り替えることで変速を行う

1-12 3速A/Tの構造と作動

A/Tはトルクコンバーターのトルク変換作用と副変速装置の機械的な減速作用を組み合わせて変速していますが、実際のA/Tの変速は具体的にどのようにされているのですか？

上図は、基本的な「3速A/T」の断面図です。トルクコンバーターのタービンランナーからインプットシャフトを経て副変速装置のフロントとリヤクラッチに入力されるようになっています。なお、このクラッチは多板クラッチです（86頁参照）。

■多板クラッチの接続とブレーキの働きによるコントロール

表は、各レンジにおいて作動する部品を示しています。比較的理解しやすい「2レンジ」と「Dレンジ2速」の欄を見て下さい。2レンジを選んでも、Dレンジで2速に自動変速されても"2"に関しては同様の部品が働いているので作動は同じです。

この場合リヤクラッチがつながりバンドブレーキが作動することで、インプットシャフトからの入力はフロント側プラネタリーギヤのリングギヤに伝わり、サンギヤが固定されているためフロントキャリアを同方向に減速回転させます（下図①）。

また、「Dレンジ3速」はフロントクラッチとリヤクラッチの双方がつながることで、インプットシャフトからの回転は、フロントプラネタリーギヤのリングギヤにもサンギヤにも伝わります。この2つが同じ回転をすることで、フロントプラネタリーギヤは一体となって回り、直結状態となります（下図②）。

難解なのは「ロー（L）レンジ」「Dレンジ1速」です。力の伝わり方だけを見ると、リヤクラッチ作動で入力はフロントのリングギヤとなりますが、残りのフロントキャリア、サンギヤを固定するものがなく、インプットシャフトからの入力はキャリアとサンギヤに分かれて伝達されます。サンギヤが回ることでリヤプラネタリーピニオンも回り、リヤキャリアがローリバースブレーキまたはワンウェイクラッチで固定されているため、リヤリングギヤからも出力するという複雑なことになります。この際、フロントのキャリアとリヤのリングギヤはアウトプットシャフトと一体のため同じ回転をします。なお、ローレンジはローリバースブレーキが作動していますが、これはアクセルを戻した際にエンジンブレーキが効くようにするためで、逆にDレンジ1速ではこの効果がなくエンジンブレーキは効きません（下図③）。

このようにA/Tの副変速装置では、複数の多板クラッチやブレーキ、プラネタリーギヤを組み合わせ、入力と固定するパーツを切り替えることで、エンジン回転を切ることなく変速できるようになっています。

第3章 「力」を伝える【ドライブトレーン編】

3速A/Tの断面図

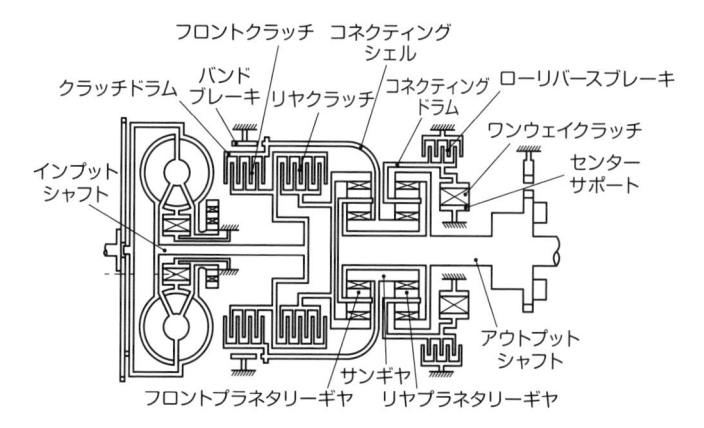

(図：3速A/Tの断面図。各部名称：クラッチドラム、バンドブレーキ、フロントクラッチ、コネクティングシェル、リヤクラッチ、コネクティングドラム、ローリバースブレーキ、ワンウェイクラッチ、センターサポート、インプットシャフト、アウトプットシャフト、サンギヤ、フロントプラネタリーギヤ、リヤプラネタリーギヤ)

各レンジの作動状態

レンジ	ギヤ	フロントクラッチ	リヤクラッチ	バンドブレーキ	ローリバースブレーキ	ワンウェイクラッチ
P	ニュートラル	×	×	×	×	×
R	リバース	○	×	×	○	×
N	ニュートラル	×	×	×	×	×
D(第1速)	ファースト	×	○	×	×	○
D(第2速)	セカンド	×	○	○	×	×
D(第3速)	サード	○	○	×	×	×
2	セカンド	×	○	○	×	×
L	ファースト	×	○	×	○	×

○………作動する　　×………作動しない

各レンジの状態

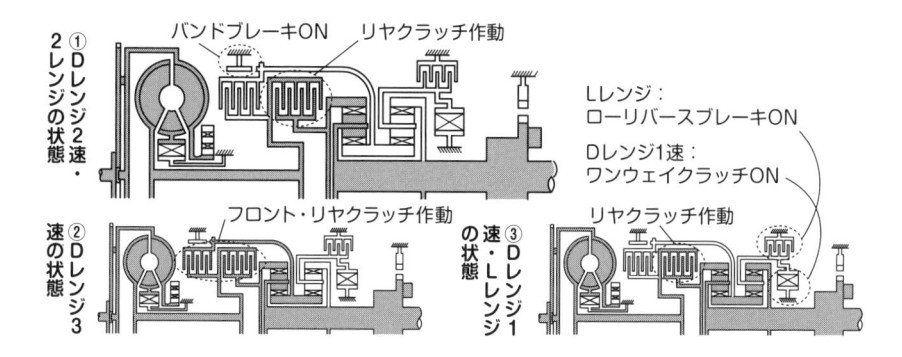

① Dレンジ2速・2レンジの状態：バンドブレーキON、リヤクラッチ作動

② Dレンジ3速の状態：フロント・リヤクラッチ作動

③ Dレンジ1速・Lレンジの状態：リヤクラッチ作動、Lレンジ：ローリバースブレーキON、Dレンジ1速：ワンウェイクラッチON

POINT
◎A/Tの副変速装置では、エンジンの回転をプラネタリーギヤに伝えるためのクラッチ、プラネタリーギヤの要素を固定するブレーキやワンウェイクラッチなどが絡み合って変速状態を作り出している

1-13 A/Tに付属するさまざまなシステム

カタログや雑誌などのA/Tの解説を見ると、「オーバードライブ」「ロックアップ」「○速固定」といった用語が出てきますが、これらはA/Tのどのような機能・働きをいうのですか？

A/Tのまとめとして、付属する機構について触れておきます。

（1）オーバードライブ機構

4速A/Tの4速、5速A/Tの5速は、それぞれトップギヤ（減速比：1.000）以下のギヤ比を持っています。このギヤではインプットシャフトの回転（＝エンジン回転）よりアウトプットシャフトの回転が増速されることになり、平坦な自動車専用路をゆったりと巡航するときなどに、エンジンの回転を下げて燃費をよくしたり、エンジン音を抑えるなどの効果を生みます。

（2）ロックアップ機構

タービンランナーと一体になった「ロックアップクラッチ」が、トルクコンバーターのケースに機械的に押しつけられ、エンジンの回転がトルクコンバーターを介さず、直接副変速装置のインプットシャフトに伝わるようになるシステムです。以前は、オーバードライブで巡航するなどエンジンの負荷が減って、条件が満たされれば自動的にロックアップ状態になっていましたが、昨今は燃費改善などの目的からさまざまな変速段でも積極的にロックアップ（○速固定状態）させ、A/Tオイルによる回転力の伝達ロスを減らすようになってます（上図）。

（3）A/Tの安全装置

①インヒビタースイッチ：A/Tのシフトポジションを感知し、シフトレバーがパーキングまたはニュートラルでのみエンジン始動ができるようにする。

②シフトロック機構：シフトレバーがパーキングレンジにあるとき、ブレーキを踏まないと他のレンジに切り替えできないようにする。

③キーインターロック機構：パーキングレンジではアウトプットシャフトが機械的に固定される。

（4）電子制御A/T（エンジンとA/Tの統合制御）

各種センサーからの信号を利用してさまざまな制御が行われています。例えば、ロックアップはエンジン暖気後の安定した状態でなければ作動しませんし、変速時に発生するショックを低減するためにエンジン出力の出し方を変化させるなど、エンジンとA/Tを統合してコンピューターによる制御が行われています（下図）。

ロックアップ機構の作動

①ロックアップクラッチ作動前

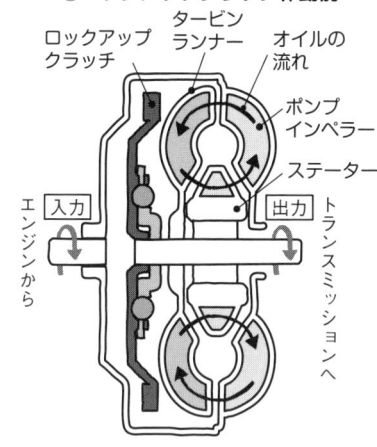

- ロックアップクラッチ
- タービンランナー
- オイルの流れ
- ポンプインペラー
- ステーター
- 入力（エンジンから）
- 出力（トランスミッションへ）

②ロックアップクラッチ作動時

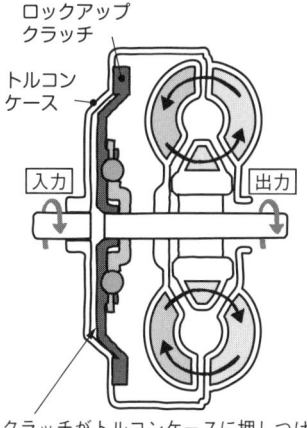

- ロックアップクラッチ
- トルコンケース
- 入力
- 出力

クラッチがトルコンケースに押しつけられてエンジンの回転を直接出力する

電子制御A/Tの構成

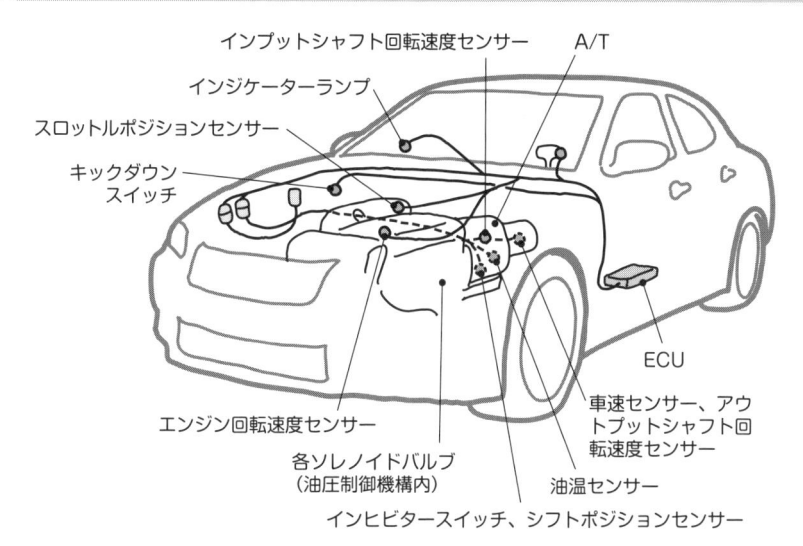

- インプットシャフト回転速度センサー
- A/T
- インジケーターランプ
- スロットルポジションセンサー
- キックダウンスイッチ
- ECU
- エンジン回転速度センサー
- 各ソレノイドバルブ（油圧制御機構内）
- 車速センサー、アウトプットシャフト回転速度センサー
- 油温センサー
- インヒビタースイッチ、シフトポジションセンサー

POINT
- ◎ロックアップは必要に応じてトルクコンバーターを介さずに回転を伝える機能
- ◎A/Tは各種センサーのコンピューター制御によって、変速ショックの低減やロックアップタイミングの決定などをエンジンの制御とあわせて行っている

1-14 CVTの考え方

最近、軽自動車や小排気量の乗用車を中心に「CVT」方式のA/Tが増えているようですが、カタログには「無段変速」と書かれているだけで詳しい表記がありません。「CVT」とはどのようなものなのですか？

「CVT」は「continuously variable transmission」の略で、「連続可変トランスミッション」という意味です。現在、CVTの普及率はA/T全体の30％程度に達しており、軽自動車や1000ccクラスの小型車を中心に、搭載するクルマが増え続けています。では、なぜギヤ式A/Tに比べてCVTが伸びてきているのでしょうか。その理由を「なぜ変速作用が必要なのか」ということも含めてもう一度考えてみます。

■固定ギヤ比では対応できる速度の幅が狭い

前にも述べましたが、「出力」がエンジン回転の上昇に伴って右肩上がりで大きくなるのに比べて、「トルク」はエンジン回転が増えてもそれほど増加しません（上図）。それどころかグラフのように、回転数によっては少し下がる部分もあります。そのため、歯数の異なるギヤを組み合わせて減速し、トルクアップするためのトランスミッション（変速装置）が必要となるのです。

しかし、4速、5速といったギヤの組み合わせでも、例えば1速でスタートしてアクセルを全開にすると50km/h程度の速度でエンジンが吹けきってしまい（レッドゾーンに入る）、それ以上の速度が出せません。そこで2速にシフトアップし、さらに3速、4速とシフトアップを繰り返すという動作が必要になるのです。

■CVTはギヤ比が連続して変化する

では、走行状態に応じてギヤ比を任意に設定できるとしたらどうでしょう。自転車を例にとって考えてみます。中図を見て下さい。自転車の変速状態を示したものですが、自由に半径が変化するプーリー（滑車）A、Bがベルトで結ばれているとします。このような変速システムなら、発進時はプーリーAの半径を小さくし、Bを大きくしてやることで、Aの回転がBには減速して伝わり、回転力（トルク）を大きくできます。そして、徐々にスピードがアップしてきたら、Aに比べてBのプーリーを小さくしてやることでペダル1回転でも後ろのタイヤは1回転以上回ることができ、その分スピードアップが可能です。

この図では、プーリーの半径を連続して変化させる機構については触れていませんが、CVTではこのように回転数を連続的に変えて減速または増速でき、限りあるエンジントルクを走行状態に応じて変換しているのです（下図）。

第3章 「力」を伝える【ドライブトレーン編】

エンジン性能曲線図

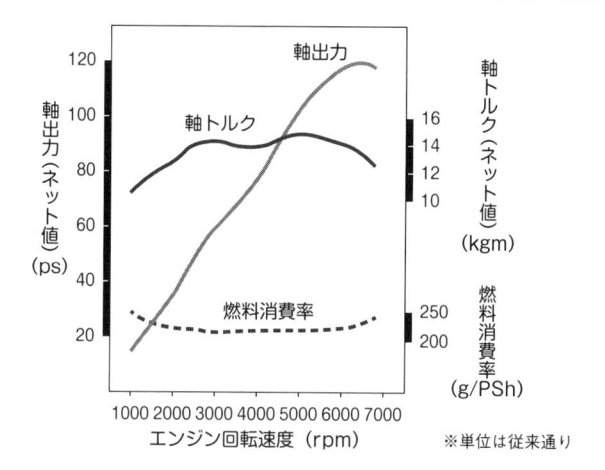

縦軸左: 軸出力（ネット値）(ps)
縦軸右: 軸トルク（ネット値）(kgm) / 燃料消費率 (g/PSh)
横軸: エンジン回転速度 (rpm)

※単位は従来通り

CVTの考え方

① 発進、登坂時（駆動力アップ）
ベルト
プーリーB　プーリーA

② 平坦路（通常走行時）

③ 高速走行、下り坂（スピードアップ）

ギヤ式とCVTの変速イメージの差

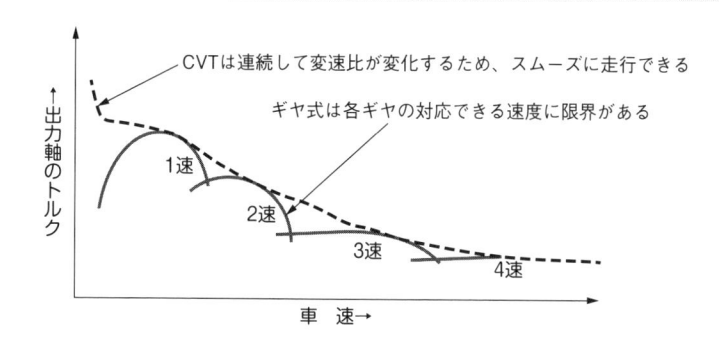

縦軸: 出力軸のトルク
横軸: 車速→

- CVTは連続して変速比が変化するため、スムーズに走行できる
- ギヤ式は各ギヤの対応できる速度に限界がある

1速 / 2速 / 3速 / 4速

POINT
◎ギヤ式のトランスミッションでは、各変速段が対応できる速度の幅が狭く、スピードに応じて変速を繰り返す必要がある（M/T、ギヤ式A/Tとも）
◎CVTでは入力軸と出力軸の減速比を無段階で変化させることができる

1-15 CVTの構造と作動

CVTの考え方についてはよくわかりましたが、実際のクルマに搭載されているシステムはどのようになっているのですか？ また、なぜ小型車を中心に普及しているのでしょうか？

　CVTの基本的な考え方は前項の自転車の例の通りですが、実際にプーリーの半径を任意に変化させるのは難しい課題です。また、いくらトルクが変化しないといっても、クルマのエンジンが発生するトルクを受けて、滑らずに回転を伝えるベルトを開発するのはかなりの難問だったようです。同様の考え方でも、エンジンの発生するトルクが小さく、ゴム製のベルトが利用できた2輪のスクーターにはかなり早い時期から「無段階変速機構」が採用されていました。

▰金属のコマをつなぎ合わせたチェーン

　上図はクルマに搭載されているCVTの断面図で、ベルトを介してプライマリープーリーとセカンダリープーリーが結ばれています。このベルトは金属製の細かなプレートをつなぎ合わせて耐久性と柔軟性を持たせています。また、プーリーの片面は可動式で、油圧ピストンの動きに連動して動くようになっています。例えば、プーリーの片面が反対側に押されるとプーリーの幅が狭まり、逆側に動くと幅が広がるようになっています。この動きを車速の変化に応じてコントロールすることでベルトの回転半径が変化し、変速比が連続して変わるようになっています。

▰問題はベルトの滑りと発熱

　下図は、このプーリーの動きとベルトの回転半径の変化を示したものです。入力側のプーリーの幅が広がり、出力側が狭まるほどギヤ式トランスミッションの1速や2速のように減速比が大きくなり、発進や登坂時に対応した状態になります。逆に入力側のプーリーの幅が狭まり、出力側が広がるほどエンジンの回転が増速されるようになり、オーバートップの状態へと変化します。

　こういった減速比の変化を連続的に行えるのがCVTの最大の特徴で、エンジンがもっともトルクを発揮できる回転数や燃費のよい回転数に保った状態で走り続けることが可能になり、「燃費性能が向上する」「変速ショックがない」などの利点から小排気量のクルマは積極的にこのシステムを採用するようになりました。大型でもともとエンジントルクの大きなクルマは、ベルトの滑りや耐久性の問題から採用が見送られてきましたが、ベルトに代わるローラー式のCVTや高耐久性のベルトの開発が進んで、採用する車種が増えてきています。

第3章 「力」を伝える【ドライブトレーン編】

CVTの構造

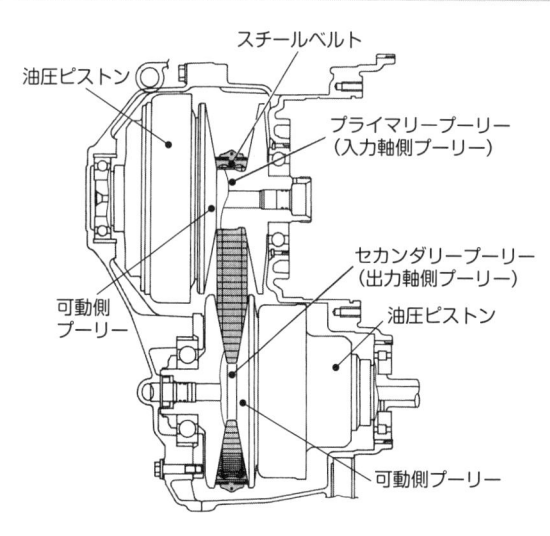

油圧ピストン
スチールベルト
プライマリープーリー（入力軸側プーリー）
セカンダリープーリー（出力軸側プーリー）
可動側プーリー
油圧ピストン
可動側プーリー

溝幅が軸方向に自由に変化できる一対のプーリーと、特殊なスチールベルトによって構成され、スチールベルトとプーリーの巻き付け半径によりロー状態からオーバードライブ状態まで無段階（連続的）に変化する。

CVTのしくみ

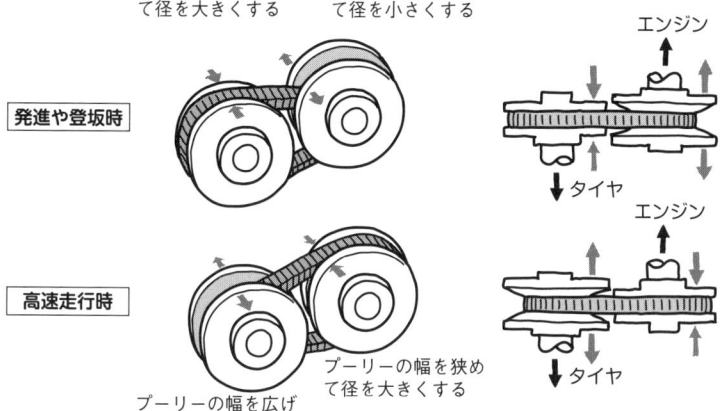

①出力側
プーリーの幅を狭めて径を大きくする

②入力側
プーリーの幅を広げて径を小さくする

発進や登坂時

エンジン
↓タイヤ

高速走行時

プーリーの幅を広げて径を小さくする
プーリーの幅を狭めて径を大きくする

エンジン
↓タイヤ

POINT
◎CVTは油圧によって幅が変化するプーリーを入力側と出力側に持ち、その間を金属ベルトでつないでいる
◎プーリーの幅を変化させて入力側と出力側の変速比を連続的に変えている

1-16 トランスミッションの新技術

M/T車でクラッチペダルを持たない車種があるようですが、エンジンの回転をどうやって切ったりつないだりしているのですか？ また、このような車種はA/Tに対してどんなメリットがあるのでしょうか？

これは「2ペダルM/T」と呼ばれるものです（上図）。一般的なM/Tと同じギヤの組み合わせで変速比を変えるもので、クラッチのみを自動化したタイプと、同時に変速作用も自動化したものがあります。

■ヨーロッパではM/Tが主流

現在日本の乗用車がA/T車ばかりになっていることは先に述べました。アメリカも同傾向なのですが、ヨーロッパでは事情がかなり違っていて、8割以上がM/Tというデータが出ています。その理由としては、①アウトバーンが完備されていて長距離移動が当たり前、②渋滞が少ない、③燃費やコストに対する意識が高い、④クルマの運転を楽しむ人が多いといったことが上げられるようです。

そのヨーロッパでも"クラッチペダルの操作がいらない"ことのメリットから、コンピューターでアクチュエーターを制御して自動化したクルマが作られていますが、それでもM/Tの優位は変わっていないようです。

■大出力車にも対応するデュアルクラッチトランスミッション

ヨーロッパ発祥の2ペダル方式といえば、M/Tと同様のギヤを使用し、2系統のクラッチを持つ「デュアルクラッチトランスミッション」というシステムが登場しています。

このトランスミッションは、奇数側の変速段（1、3、5速）と偶数側の変速段（2、4、6速）の2本に分けられた入力軸と、それぞれを断・接する2系統の油圧多板クラッチで構成されており、2本の入力軸は1本の出力軸へと統合されて出力するようになっています。例えば、1速でクラッチをつないで発進すると、2速側のギヤの噛み合わせはすでに完了していて、シフトアップのタイミングになると1速側のクラッチが切れ、瞬時に2速側のクラッチが接続されるというしくみです。コンピューターによりコントロールされるシステムで、変速にかかる時間はコンマ何秒という短時間で済むことが大きな特徴といえます（下図）。

このシステムには、流体クラッチであるトルクコンバーターが持つスリップによる損失がなく、変速時のダイレクト感が高いこと、また一般的なギヤを使用していることで出力の大きなクルマにも対応できるといったメリットがあります。

第3章 「力」を伝える【ドライブトレーン編】

● 2ペダルM/Tの例

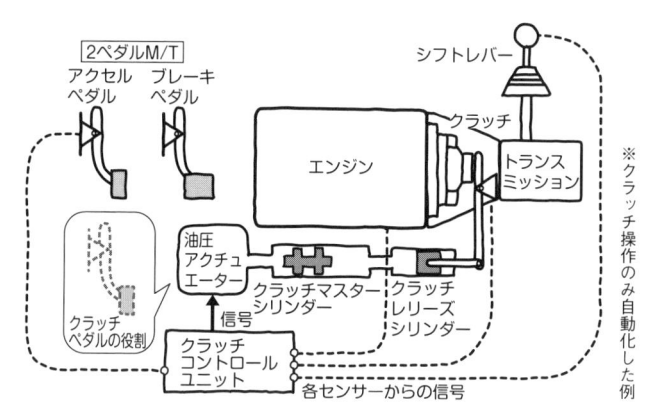

※クラッチ操作のみ自動化した例

● デュアルクラッチトランスミッションの概念図

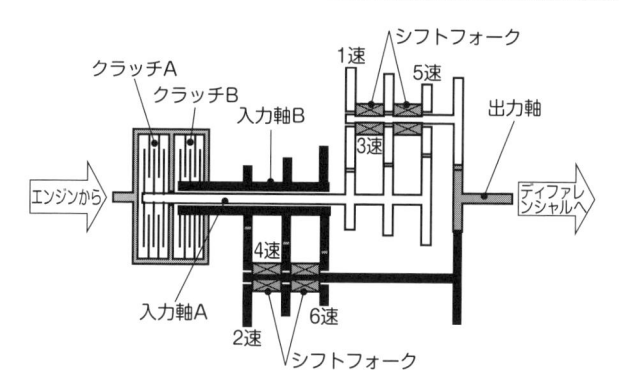

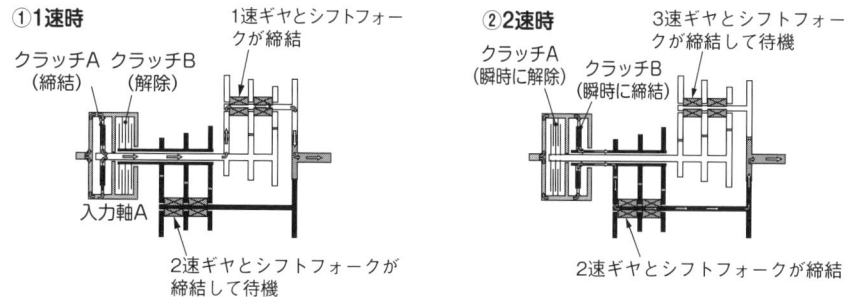

①1速時

②2速時

> **POINT**
> ◎2ペダルM/Tは「クラッチのみ自動化」と「変速作用も自動化」の2つがある
> ◎デュアルクラッチトランスミッションには2系統のギヤ機構とクラッチがあり、シフトアップ・ダウンの際それぞれが交互に働いて変速作用をする

2. スムーズに旋回するためのシステム

2-1 ディファレンシャル（差動装置）の概要

トランスミッションを通って出力軸まで来た「回転」は、どのようにしてタイヤまで伝わっていくのですか？ 特に縦置きエンジンの場合、エンジンの回転とタイヤの回転が90°違っているのですが？

■ファイナルギヤでさらに減速

　トランスミッションで減速されたエンジン回転は、その後「ディファレンシャル（差動装置）」に付属する「ファイナルギヤ（終減速装置）」でさらに減速されてタイヤに伝わります（上図）。

　例えばトランスミッションが1速の場合、1速ギヤの減速比（3.000程度）と、ファイナルギヤの終減速比（4.000程度）を掛け合わせた総減速比が約12.000となり、エンジンの回転数が1/12ほどに減速されてタイヤに伝わることになります。

■ファイナルギヤでエンジンの回転方向を90°変換

　さて、ディファレンシャル及びファイナルギヤは、「終減速作用」の他に「回転方向の変換」「差動作用」の3つの働きをしています。

　このうち「回転方向の変換」については、FR車などエンジンを縦方向に置いたクルマの場合で、タイヤの回転がエンジンの回転方向と90°違っているため、これをタイヤの回転方向に合わせる目的を持っています。

　FR車の場合、エンジンの回転は「プロペラシャフト」と呼ばれるトランスミッションの出力軸の回転をタイヤの位置まで延長するシャフトで伝えられますが、この先にディファレンシャルの「ドライブピニオン」が取り付けられています（上図）。

　このドライブピニオンは「かさば歯車（円錐の側面に歯を刻んだもので、交わる2軸間で回転運動を伝達するときに用いる）」と呼ばれる形状をしていて、このドライブピニオンにかみ合う「リングギヤ」もギヤの歯が斜めにカットされた形状をしているので、この2つのギヤが噛み合って回転を減速して伝えるとともに、回転方向が90°変換されてタイヤの回転方向と合致するようになっています（中図）。

　逆にFF車などエンジンが車体に対して横向きに置かれた車種については、この機能は必要なく、トランスミッションの出力軸とディファレンシャルのファイナルギヤは、一般的な形状をしたギヤで噛み合っています（下図）。

　では、ディファレンシャルの最後の働き「差動作用」とは何でしょうか？ これを説明する前に、上図のように左右のタイヤがつながった状態でカーブを曲がるとタイヤにどのような問題が起きるのかを考えてみて下さい。

第3章 「力」を伝える【ドライブトレーン編】

⚙ トランスミッション以降の力の伝達とディファレンシャルの役割

ディファレンシャルはファイナルギヤによって終減速するとともに、駆動力をタイヤの回転方向へ変換している。

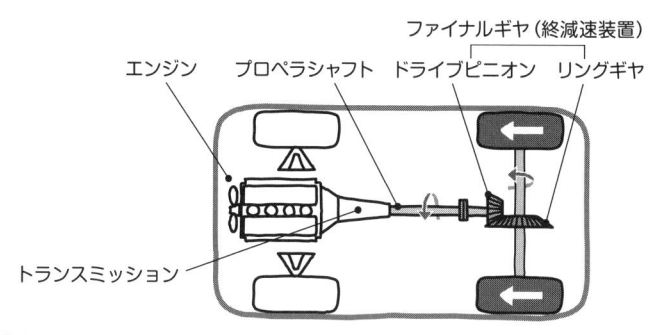

```
                              ファイナルギヤ（終減速装置）
      エンジン  プロペラシャフト  ドライブピニオン  リングギヤ
                 トランスミッション
```

⚙ ディファレンシャルの構造(FR車)

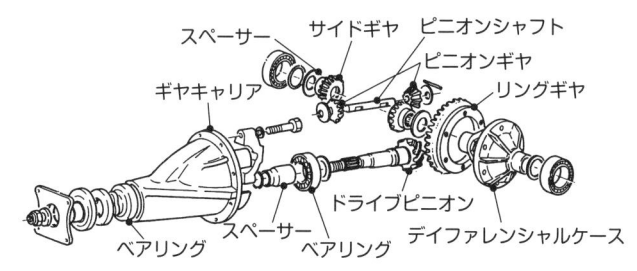

```
         スペーサー  サイドギヤ  ピニオンシャフト
                              ピニオンギヤ
   ギヤキャリア                      リングギヤ

         ベアリング  スペーサー  ベアリング
                   ドライブピニオン  デファレンシャルケース
```

⚙ ディファレンシャルの構造(FF車)

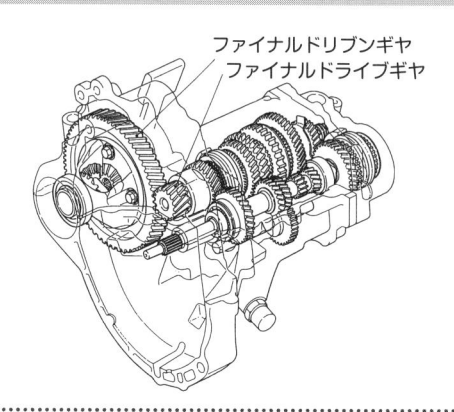

```
         ファイナルドリブンギヤ
         ファイナルドライブギヤ
```

POINT
- ◎ディファレンシャルの役割は、終減速作用、回転方向の変換、差動作用の3つ
- ◎ファイナルギヤでの減速は「終減速」と呼ぶ
- ◎FR車のファイナルギヤは、回転を伝えるとともに方向を90°変換している

2-2 ディファレンシャルの差動作用

プラモデルやおもちゃのクルマでは、モーターやゼンマイで駆動される左右輪が1本のシャフトでつながっているものが多いですが、実際のクルマがこの構造だったとしたらどのような問題が起こりますか？

　前項の上図が、おもちゃや廉価なプラモデルの構造と同じものです。これらの前輪を操作して旋回しても特に問題がないように思えますが、もし実際のクルマがこのようになっていたとしたらどうでしょうか？

　上図を見て下さい。これは、前項の図の前輪に角度をつけ、旋回する際に各タイヤが通る軌跡を描いたものです。実際のクルマは、この図のように基本的に4つのタイヤが同心円を描く（アッカーマン・ジャントゥ式）ようになっていて、4つのタイヤの旋回半径はそれぞれ異なります。特に駆動輪である左右の後輪の描く円は大きく違っていますから、旋回時にタイヤの転がる距離に差があることがわかります。

　この状態で走ったとすると、旋回するごとに距離の差をどちらかのタイヤが滑ることによって帳尻合わせしなければなりません。当然、不安定な旋回状態を引き起こし、タイヤの摩耗にもつながります。

◢差動作用の意味

　ディファレンシャル（以下デフ）の内部は中図のようになっています。左右のタイヤに駆動力を伝える「ドライブシャフト」はデフのリングギヤに直接つながっているわけではなく、リングギヤの回転は、デフケース、ピニオンシャフト、ピニオンギヤ、サイドギヤを経てドライブシャフトに伝えられる構造になっています。

　直進状態のときは、リングギヤの回転はデフケースを通じてピニオンシャフトを回しますが、ピニオンギヤ（デフピニオン）は自転せずに左右のサイドギヤを回すので、左右輪の回転に差が出ず、同じように回ります。

　上図のような旋回時は、右側のタイヤが長い距離を転がり、左側は短い距離でなければタイヤが滑ってしまいます。そこでデフピニオンが自転し、右側を多く回転させるように働きます。

　下図では、右側が前方向に回ると左側は逆転してしまっていますが、これはリングギヤが回っていない状態の話（左右駆動輪をジャッキアップして浮かすとこうなる）で、実際の走行では左タイヤが逆転するより早く前に進んでいるので、左右のタイヤの回転数に差が出たのと同じ状態になるのです。

第3章 「力」を伝える【ドライブトレーン編】

旋回時のタイヤの動き

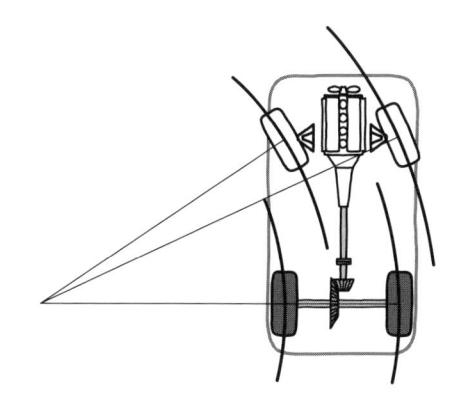

クルマは旋回時、4つのタイヤが同心円で回るようになっている。この図の場合、駆動輪としてつながっているリヤの左右輪が描く円の半径は大きく異なっている。

ディファレンシャルのしくみ

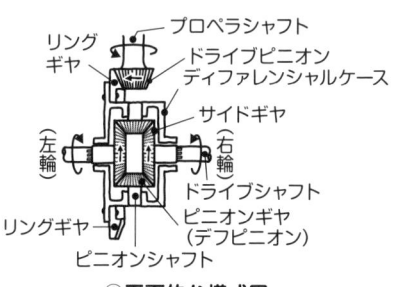

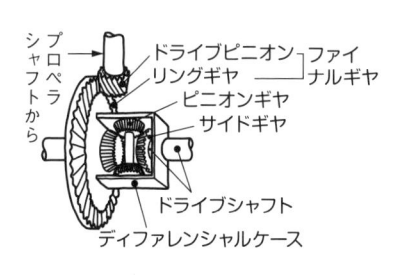

プロペラシャフトから
ドライブピニオン
リングギヤ ┐ファイナルギヤ
ピニオンギヤ
サイドギヤ
ドライブシャフト
ディファレンシャルケース

①立体的な模式図

リングギヤ
プロペラシャフト
ドライブピニオン
ディファレンシャルケース
サイドギヤ
（左輪）（右輪）
ドライブシャフト
リングギヤ
ピニオンギヤ（デフピニオン）
ピニオンシャフト

②平面的な模式図

旋回時のピニオンギヤ（デフピニオン）の動き

〈右タイヤの転がる距離が多い場合／後方から見た図〉

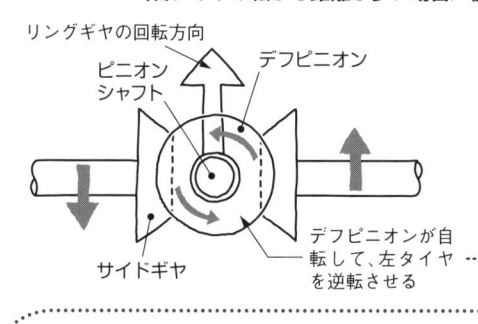

リングギヤの回転方向
ピニオンシャフト
デフピニオン
サイドギヤ
デフピニオンが自転して、左タイヤを逆転させる

実際にはクルマは差動分より多く前に進んでいるので、左タイヤは逆転することなく、右タイヤより回転数が減る

POINT
◎差動作用によって左右輪の転がる距離に差をつけながら駆動力を伝達している
◎ディファレンシャルでは、左右の駆動輪を直接結ばず、リングギヤの回転をピニオンギヤ（デフピニオン）とサイドギヤを介してつないでいる

2-3 差動制限ディファレンシャルの必要性

ディファレンシャルの構造を見ると、リングギヤとサイドギヤは駆動力が伝わらなければならない部分なのに直接つながっていません。そのことによるデメリットはないのですか？

前項の中図にあるように、ディファレンシャル内部でタイヤにつながる左右のサイドギヤとデフピニオンは噛み合っているものの、片輪がぬかるみなどにはまると他方は停止するという非常に不安定な状態でのつながりです。試しに一般の乗用車の駆動輪（FFは前輪、FRは後輪）の片側をジャッキアップして、手で回してみて下さい。接地している側のタイヤはまったく動かないはずです。この状態が走行時に起きたらどうなるでしょう。例えば、片方のタイヤを側溝に落とした、雪道で片輪がアイスバーンにはまった、ぬかるみに片輪がはまったといった状態では、滑る側のタイヤが異常に速く回転するだけで、クルマは動こうとしません（上図）。

これが差動作用の欠点で、駆動輪の左右両方に走行抵抗がかかっているときはいいのですが、片方が完全に滑ってしまう場合はリングギヤの回転がすべて滑る側に伝わってしまい、走行不能に陥ります。雪道やぬかるみでは、タイヤの下に毛布などを敷いて脱出できますが、溝の場合は持ち上げて路面に接地させるしかありません。

◢差動作用をある程度抑える……自動差動制限ディファレンシャル

そこで、雪道や悪路の走行が多いクルマ向けに差動作用を抑える機能を持ったディファレンシャルが用意されています。「ノンスリップデフ」や「リミテッドスリップデフ（LSD）」と呼ばれるもので、機構的に数種類存在していますが、ここでは多板クラッチを使用したノンスリップデフの作用について簡単に説明しておきます。

中図を見て下さい。このタイプの差動制限デフでは、ディファレンシャルを部品として組み上げる際、すでに多板クラッチ（フリクションディスク＋プレート）にスプリング力が加わっています。したがって通常の旋回時にもある程度差動作用が制限されていて、左右駆動輪に回転差はつくものの、一般のディファレンシャルほど無抵抗に差動しないようになっています。そして、片輪が空転するような状態になると角張った「ピニオンシャフト」によって「プレッシャーリング」が左右に広げられ、より強く多板クラッチを密着させるように働きます。駆動力の伝達は、リングギヤ、デフケース、プレッシャーリング、多板クラッチ、サイドギヤ、ドライブシャフト、タイヤとなり、多板クラッチの圧着力を高めることによって、空転する側（タイヤ）の回転力を停止している側に強力に伝えることができるのです（下図）。

第3章 「力」を伝える【ドライブトレーン編】

差動作用の欠点

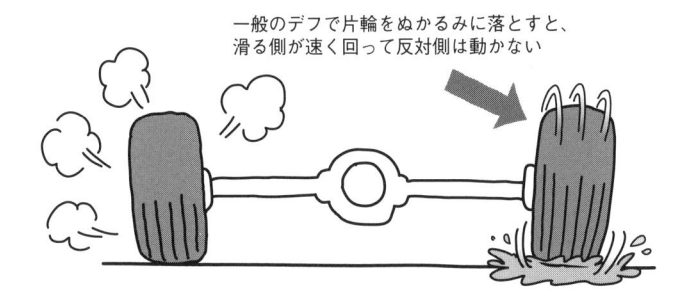

一般のデフで片輪をぬかるみに落とすと、滑る側が速く回って反対側は動かない

差動制限デフの構造

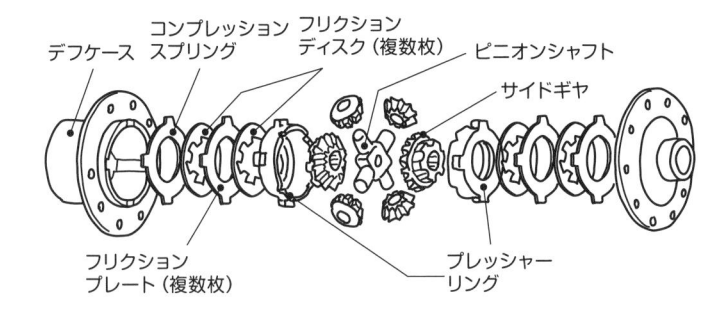

デフケース / コンプレッションスプリング / フリクションディスク（複数枚） / ピニオンシャフト / サイドギヤ / フリクションプレート（複数枚） / プレッシャーリング

プレッシャーリングとピニオンシャフトの関係

ピニオンシャフトが動きにくい状態でプレッシャーリングにエンジンからの回転力が伝わると、ピニオンシャフトが抵抗となってプレッシャーリングが左右に広がろうとし、フリクションクラッチ（多板クラッチ）をより強く押しつけて差動作用を制限する。

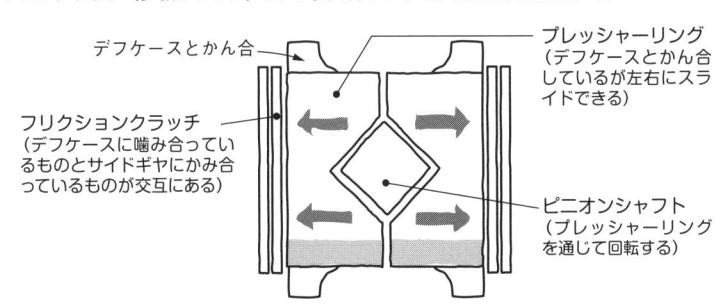

デフケースとかん合

プレッシャーリング（デフケースとかん合しているが左右にスライドできる）

フリクションクラッチ（デフケースに噛み合っているものとサイドギヤにかみ合っているものが交互にある）

ピニオンシャフト（プレッシャーリングを通じて回転する）

POINT
◎ディファレンシャルの差動作用を制限する機構を持つものを「ノンスリップデフ」「リミテッドスリップデフ（LSD）」などと呼ぶ
◎差動制限デフは空転するタイヤの回転力を他方に伝えて駆動力を与える

2-4 その他の動力伝達機構

FR車のトランスミッションからディファレンシャルまでを結ぶ「プロペラシャフト」と、ディファレンシャルからタイヤ（ホイール）までを結ぶ「ドライブシャフト」には、どのような機能があるのですか？

　クラッチ、トランスミッション、ディファレンシャルと、ドライブトレーン（動力伝達機構）を代表するシステムの説明が一段落したところで、これらを結んで回転力を伝えている「プロペラシャフト」と「ドライブシャフト」について説明します。

▌距離の変化に対応しながら回転を伝えるプロペラシャフト

　FR車のトランスミッションの出力軸（メインシャフト）とディファレンシャルのドライブピニオンを結んでいるのがプロペラシャフトで、部品構成は上・左図のようになっています。プロペラシャフト本体は鋳鉄製で、軽量化のために中空のパイプになっていて、前後には「フックジョイント」という、ある程度角度がついても回転を伝えられる機構が設けられています。また、トランスミッションとの接続部には「スリーブヨーク」が用いられています。スリーブヨークは内側に直線的なギヤの歯がつけられていて、そこにメインシャフトを差し込むように取り付けます（中・左図）。

　これら、フックジョイントやスリーブヨークとメインシャフトの差し込み（スプライン結合という）の働きで、発進や加速時などにトランスミッションやディファレンシャルが持ち上がったり沈んだりして角度が変わり、両者の距離が微妙に変化してもスムーズに回転を伝えられるようになっています。

▌より大きな角度変化に対応できる等速ジョイント

　ディファレンシャルからタイヤ（ホイール）までの間を結んでいるのが「ドライブシャフト」です。ドライブシャフトも鉄製ですが、プロペラシャフトと比べて前後のジョイント部分がかなり異なっています。ディファレンシャル〜ホイール間の角度変化は、サスペンションの伸縮によるタイヤの上下の動きと、FF車ではハンドル操作による角度変化が加わって、プロペラシャフトの比ではありません。そのためジョイント部分には、より大きな角度差がついても正しく回転を伝えられる「等速ジョイント」と呼ばれる機構が用いられています（上・右図、中・右図）。

　等速ジョイントは、角度が変わっても入力軸と出力軸が交わる中心に接合点ができるようにボールが移動することで、両軸の回転が常に等しくなるように工夫されています（下図）。

第3章 「力」を伝える【ドライブトレーン編】

プロペラシャフトの工夫

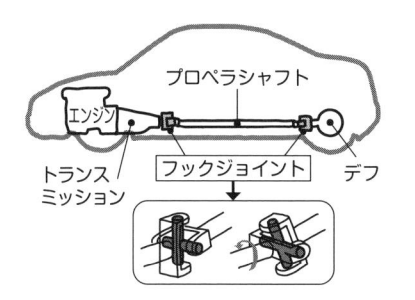

- プロペラシャフト
- エンジン
- トランスミッション
- フックジョイント
- デフ

ドライブシャフトと等速ジョイント

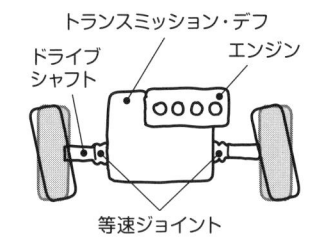

- トランスミッション・デフ
- ドライブシャフト
- エンジン
- 等速ジョイント

フックジョイントの構造

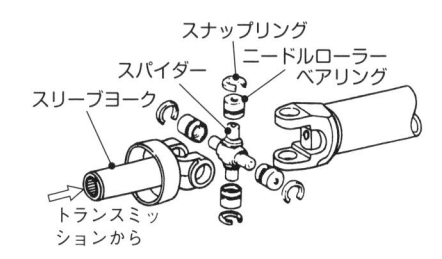

- スナップリング
- スパイダー
- ニードルローラーベアリング
- スリーブヨーク
- トランスミッションから

等速ジョイントの構造

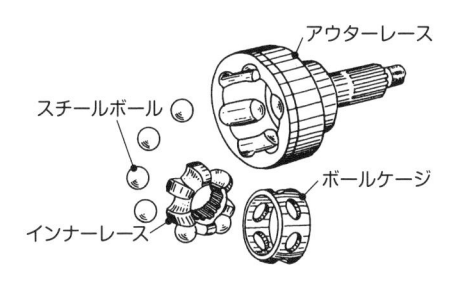

- アウターレース
- スチールボール
- ボールケージ
- インナーレース

フックジョイントと等速ジョイントの違い

フックジョイントのジョイント部が入力軸の角度のままであるのに比べ、等速ジョイントでは入力軸と出力軸の角度を二分する点で接合されるため、回転がそのまま伝わる。

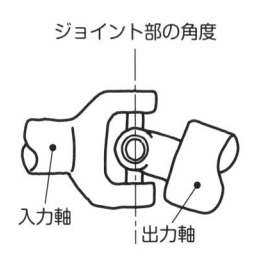

①フックジョイント
- ジョイント部の角度
- 入力軸
- 出力軸

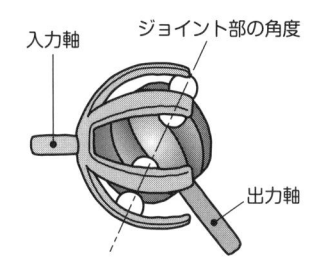

②等速ジョイント
- 入力軸
- ジョイント部の角度
- 出力軸

POINT
◎プロペラシャフトはトランスミッションからディファレンシャルまで、ドライブシャフトはディファレンシャルからホイールまでを結ぶ部品で、ハンドル操作等による大きな角度変化があっても回転を伝えられるようになっている

2-5 4WDの概要としくみ

FF車やFR車の動力伝達システムと比較して、前輪にも後輪にも駆動力が伝わる4WD（4輪駆動）の動力伝達のしくみはどのようになっているのですか？

4WD（4輪駆動）がFFやFRともっとも異なる点は、4輪すべてが駆動輪になることで、不整地や雪道などの滑りやすい路面での発進性や走破性に優れることが大きな特徴です。一方で、トランスミッションからの回転を前輪、後輪に振り分けるための「トランスファー」、旋回時、前後輪の回転数の違いを差動する「センターデフ」、トランスファーと前後のディファレンシャルを結ぶ「プロペラシャフト」といったパーツが必要になり、メカニズムの複雑化や車両重量の増加が欠点といえます。

■パートタイム方式とフルタイム方式（上図）

4WD車でも、悪路や不整地での高い走破力を目的とした「クロスカントリータイプ」と呼ばれる車種は、砂漠や森林地帯、寒冷地などを抱える多くの国で生活必需品となっています。このタイプは「パートタイム方式」というシステムを採用しているものが多く、トランスファーに設けられた「2WD-4WD切替機構」をドライバーが操作して必要なときだけ4WDとして使用することで、舗装路での扱いやすさや燃費の向上を図っています。逆に舗装路での使用を中心に考えられた「SUV＝スポーツ・ユーティリティ・ビークル」に分類される4WD車には、センターデフを持つ「フルタイム方式」が多く、前後輪の滑りをセンサーが感知し、多板クラッチの押し付け力を変えて駆動力を適正に配分できるなど、電子制御化が進んでいます。

■4WDを身近なシステムにしたビスカスカップリング

日本の寒冷地などで活躍しているのは、一見するとFFやFRの乗用車と変わらない外観を持つ「スタンバイ式」と呼ばれるタイプの4WDです。これらは、舗装路での通常走行時には、FF、FRとしてほとんど違和感なく使用でき、ひとたび積雪路やアイスバーンといった道路状態になると、自動的に4WDに切り替わるという便利なものです。この4WDの切替機構には「ビスカスカップリング」と呼ばれる多板クラッチに似たシステムを使用している車種が多く、前軸と後軸に回転差がないときには2輪駆動として働き、回転差が出るとビスカスカップリング内に充填されたシリコンオイルに"せん断抵抗"が発生し、入力軸と出力軸のプレートを結びつけて駆動力を伝達します（中図、下図）。この働きでドライバーが特に意識することなく必要なときだけ4WDになるシステムとなり、広く普及するようになったのです。

第3章 「力」を伝える【ドライブトレーン編】

● パートタイム方式とフルタイム方式

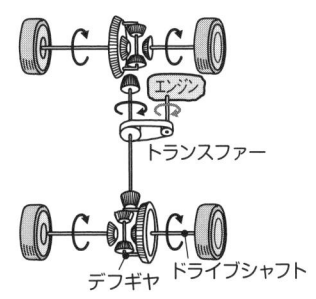

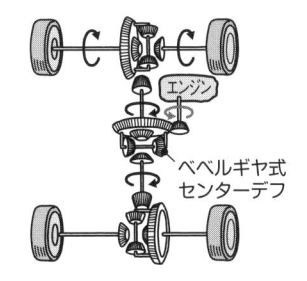

①パートタイム4WDの例

②ベベルギヤ式フルタイム4WDの例

● ビスカスカップリングの構造とせん断抵抗

ビスカスカップリングの内部には何枚ものプレートが取り付けられていて、間にシリコンオイルが充填されている。右図のように、2枚の鉄板を動かす場合、ゆっくり引くと鉄板は動くが、速く動かそうとすると抵抗が加わり簡単には動かせない。これは粘体に発生するせん断抵抗のせいで、ビスカスカップリングではこの特性を利用している。

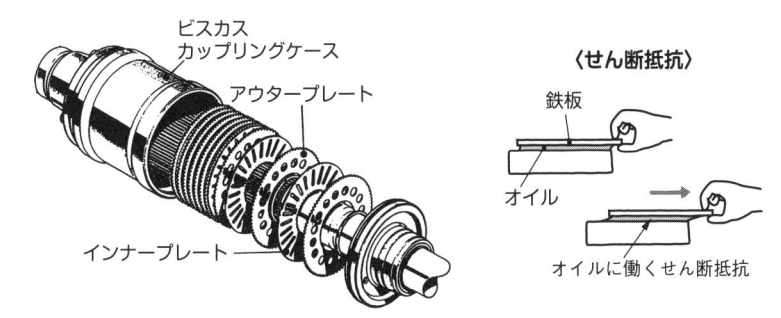

〈せん断抵抗〉

● ビスカスカップリング式のセンターデフを持つスタンバイ式4WD

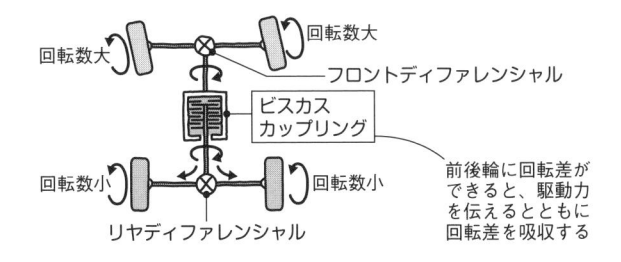

前後輪に回転差ができると、駆動力を伝えるとともに回転差を吸収する

POINT
◎ 2WDと4WDをドライバーの意志で切り替えられるのがパートタイム方式、通常走行時でも4WDとして機能しているのがフルタイム方式
◎ ビスカスカップリングはシリコンオイルのせん断抵抗により駆動力を伝達する

COLUMN 3

進化を続ける日本の
自動車技術

　この本の各章で取り上げているように、クルマの燃費を向上させる技術は、エンジンはもちろんドライブトレーンや電装部品にまで及んでいます。また、クルマを軽くするためのボディ素材や接合技術の進化、タイヤの転がり抵抗の削減など、クルマのすべてが燃費向上を目指して前進し続けていると言っても過言ではありません。

　そこで、20年前と現在の同クラスのガソリン車で、燃費がどの程度変わったかを見てみたいと思います。以下に示す1993年当時のメーカー発表データは、すでに定着していた市街地と郊外走行モードを組み合わせた"10・15モード燃費"で、より実際の走行条件に近い現代の"JC08モード燃費"よりも甘い数値であることをご理解下さい。比較したのは同じ名前を持つ車種か、廃盤になっている場合には、同メーカー・同クラスのモデルを選んでいます。

- 旧A車　排気量1300cc　キャブレター式　　　4AT　16.0km/L
  新A車　排気量1300cc　電子制御燃料噴射式　CVT　21.0km/L→31％向上
- 旧B車　排気量1500cc　電子制御燃料噴射式　4AT　12.8km/L
  新B車　排気量1500cc　電子制御燃料噴射式　CVT　20.0km/L→56％向上
- 旧C車　排気量1300cc　電子制御燃料噴射式　CVT　16.2km/L
  新C車　排気量1200cc　電子制御燃料噴射式　CVT　23.0km/L→42％向上

　この結果はほんの一例で、若干排気量が異なっているものもあり、単純には言えませんが、どれも各メーカーの売れ筋車種で、ハイブリッドなどの"燃費スペシャルカー"ではありません。

　一般的なガソリンエンジン車でも、20年で平均40％強という燃費向上を果たしたのは、自動車メーカーの技術者が改良を繰り返し、地道な努力を重ねてきた結果と言えるでしょう。日本の自動車技術は、まだまだ進化を続けていきそうです。

第4章

「力」を操る
【足回り編】

The chapter of undercarriage

1. 「走り」の質を決めるシステム

1-1 サスペンションの役割

クルマが好きな人たちの会話では、「乗り心地の善し悪しはサスペンションしだいだ」という意味の言葉を聞くことがありますが、クルマにとってはそのくらい重要なパーツなのですか？

日本では、道路はほぼ舗装路面になっていて、凹凸がないように思うかもしれませんが、例えば高速道路も年中補修されて継ぎ目があり、クルマが走ることでできる轍(わだち)も数多く存在しています。

◼ サスペンションの3つの役割

サスペンションは、タイヤがある程度自由に動けるようにして、路面の凹凸による振動やショックをボディ（キャビン）にできるだけ伝えないようにしています。また、乗り心地をよくしたり振動を低減するだけでなく、タイヤが自由に動けることで路面へのタイヤの追従性（接地性）を上げて、タイヤができるだけ路面から離れないようにしています。路面からタイヤが離れることによって、デフの差動作用が働き、接地しているタイヤが駆動力を失って不安定な走行状態になることは120頁で説明した通りです。

さらに、サスペンションにはボディを支えるという大きな役割があります。クルマの重量は乗用車でも1tから2tを超えるものがあります。4輪で支えるとして、1輪当たり250kgから500kgもの重量を支えつつ、高速で走ったり、急カーブを曲がったりしながら安定した走行を実現しなければなりません（上図）。

◼ 車軸懸架と独立懸架

下図の上は独立懸架（インディペンデント）式、下は車軸懸架（リジット）式と呼ばれるサスペンション形式です。独立懸架式は乗用車の前輪のほとんどに、また車軸懸架式は小型のFF車の後輪やFR・4WD車の一部に採用されています。

この図を見ると、路面の凹凸や傾斜から受けるボディやタイヤの傾きがわかると思います。独立懸架式のタイヤは左右それぞれが自由に動けるので、路面の影響を受けることが少なく、ボディの傾きも少なくなります。一方、車軸懸架式の方は左右どちらかのタイヤが持ち上がるとボディ全体が傾き、乗っている人も左右に揺すられることになります。とはいえ、車軸懸架式は左右のタイヤを堅固なアクスル（車軸）で結んでいるため、重い荷重や衝撃に耐えられるとともに、構造が簡単なことが大きな特徴となっています。

第4章 「力」を操る【足回り編】

🔧 サスペンションの役割

サスペンションの役割
①乗り心地をよくする
②車体を支える
③路面への接地性を高める

🔧 独立懸架(インディペンデント)式と車軸懸架(リジット)式

①独立懸架式　車体の傾きが少ない

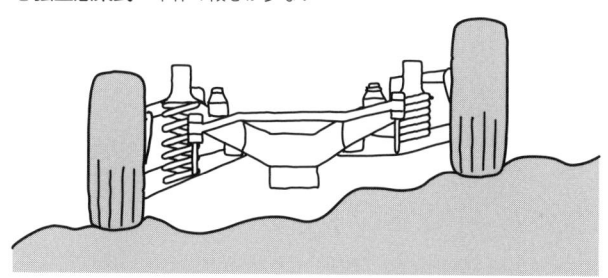

②車軸懸架式　車体が大きく傾く

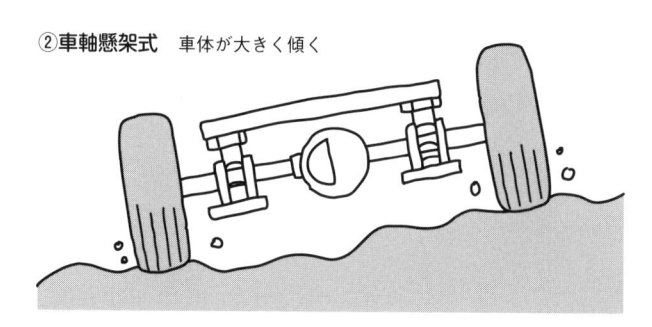

POINT
◎サスペンションの役割は、主に「乗り心地をよくする」「車体を支える」「タイヤの路面への追従性を高める」こと
◎独立懸架式と車軸懸架式では、傾斜地での路面接地性に差が出る

1-2 フロントに用いられるサスペンション

FF方式の乗用車が多い中で、フロント用のサスペンションとしてはどんな種類のものが採用されているのですか？　また、それらはどんな構造と特徴を持っているのでしょうか？

乗用車のフロント用サスペンションは、前項で紹介したように左右のタイヤがそれぞれ独自に動くことのできる独立懸架式で、路面の凹凸を吸収するための「コイルスプリング」と、スプリングの伸び縮みを抑える（減衰作用）ための「ショックアブソーバー」を一体にした「ストラット」を持つタイプのものがほとんどです。

▎部品点数が少なく軽量のストラット式

フロント用としてもっとも普及している「ストラット式」サスペンションは、タイヤが上下にスウィングできるようにブッシュ（ゴム製の緩衝材）を介してボディに取り付けられた「ロアアーム」と、前述した「ストラット」を用いてタイヤを3点で支持しています（上・左図）。

ストラット式サスペンションの特徴は、構造が簡単で部品点数が少なく、軽いことです。FFの普及に伴い重量が前輪に集中するので、前後輪の荷重バランスを取るためにもこのタイプが好まれているようです。

一方で、タイヤから伝わる振動や衝撃を吸収・緩和する役目を持つストラットがクルマの重量を支えるパーツとしても使用されることで、ショックアブソーバーのスムーズな動きが阻害される場合があり、大型のクルマや出力の大きな車種にはあまり適さないという面もあります。

▎上下のアームでタイヤを支えるダブルウィッシュボーン式

ストラット式の欠点を解消できるサスペンションに「ダブルウィッシュボーン式」があります。このタイプは「アッパーアーム」「ロアアーム」のセットでタイヤを支持し、スプリングとショックアブソーバーは、主に振動・衝撃の緩和を担当するといった役割分担をしています。そのため、大型の乗用車やパワーの大きなクルマ、また不整地走行をする車種には適しています（上・右図）。

また、ストラット式に対して、タイヤが上下に動いたときの角度変化が少ないことも特徴で、スポーツカーやレース車両も、主にこの方式を採用しています（下図）。なお、ダブルウィッシュボーン式をさらに進めて、旋回や加減速などの力によって発生するタイヤの角度変化をあらかじめ設定し、より旋回性能を高め、安定して走れることを目的とした「マルチリンク式」サスペンションもあります。

第4章 「力」を操る【足回り編】

ストラット式の構造

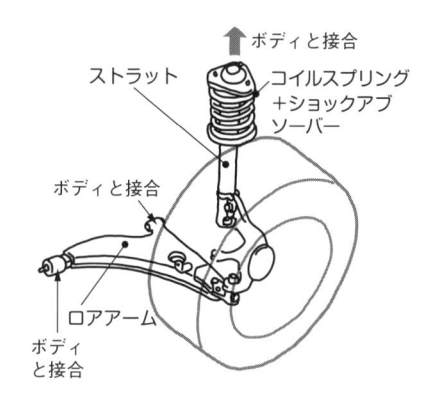

- ボディと接合
- ストラット
- コイルスプリング+ショックアブソーバー
- ボディと接合
- ロアアーム
- ボディと接合

ダブルウィッシュボーン式の構造

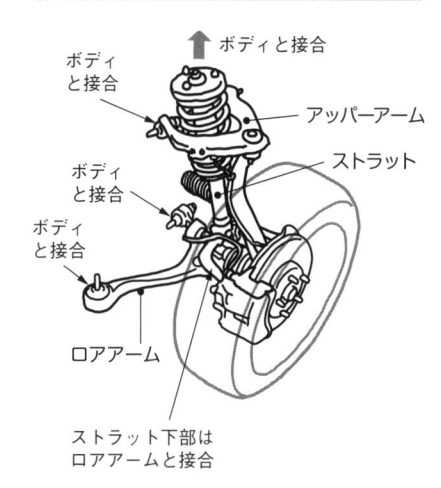

- ボディと接合
- ボディと接合
- アッパーアーム
- ストラット
- ボディと接合
- ボディと接合
- ロアアーム
- ストラット下部はロアアームと接合

サスペンションの伸縮によるタイヤの角度変化

旋回時や凹凸路で車体が上下すると、サスペンション形式の違いによりタイヤの傾きやトレッドが変化する。

①ストラット式サスペンション

②ダブルウィッシュボーン式サスペンション
※上下アームが同じ長さの場合

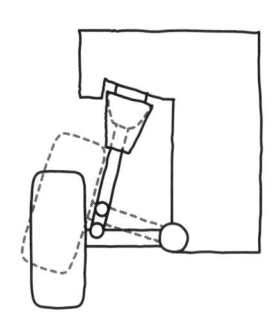

スプリングの伸縮によってタイヤに角度がつく

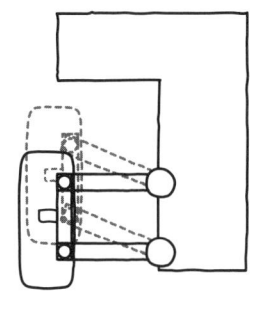

スプリングの伸縮でタイヤに角度はつかないが、左右タイヤの幅(トレッド)が変化する

> **POINT**
> ◎フロント用サスペンションは、スプリングとショックアブソーバーを一体にした「ストラット」を持つものが多い(ストラット式サスペンション)
> ◎ウィッシュボーン式は、主にアーム類がボディを支えている

1-3 リヤに用いられるサスペンション

ハンドル操作に関係するフロントタイヤに比べて、リヤタイヤの役割はそれほどでもないように思いますが、リヤに用いられるサスペンションはどのようなタイプのものですか?

　FF車の前輪が「荷重を支える」「駆動力の伝達」「方向転換」と多くの仕事をこなすのに対し、後輪は方向転換に関わらないため、シンプルなものでいいように思えます。ただ、クルマの重量とパワーが増し、速度が高まるにつれ、より安定した運転性能や旋回性能が求められるようになり、リヤサスペンションの構造もクルマの種類に応じて複雑になってきました。

◼︎構造が簡単で、強度も高いリンク式リジットとトーションビーム式

　上図の上側は「リンク式リジットサスペンション」で、古くから用いられているリヤサスペンション形式です。「リヤアクスル(車軸)」というチューブの中心にディファレンシャルが備えられ、チューブの中を通るドライブ(アクスル)シャフトが左右のタイヤに回転を伝えます。堅牢なリヤアクスルは、ボディと前後方向を数本の「コントロールアーム」で、また左右方向を「ラテラルロッド」でつながれています。

　その下の図は、FF車に多用されているタイプで「トーションビーム式」と呼ばれるものの一種です。左右それぞれのタイヤがトレーリングアームに付けられ、さらに左右のトレーリングアームはトーションビームと名付けられたアクスルで結ばれています。トーションビームはある程度のねじれを許容できる柔軟な構造になっていることが大きな特徴です。

◼︎独立懸架式に用いられるトレーリングアーム式

　リヤに独立懸架式を用いる場合、「トレーリングアーム式」や、前項で取り上げた「ダブルウィッシュボーン式」、これをベースに改良を加えた「マルチリンク式」が多くなっています。

　トレーリングアーム式は、下図でわかるようにボディに対するトレーリングアームの取り付け角度の違いによって、タイヤが上下に動く際の傾きに大きな差が出ます。「フルトレーリング式」はタイヤが上下しても傾きが変わらない代わりに前後タイヤ間の距離(ホイールベース)が大きく変化します。ストラット式のタイヤの角度が大きく変わることを前項で説明しましたが、「セミトレーリング式」はこの両者の中間を狙ったもので、タイヤの上下方向の動きによる角度の変化やタイヤ間の距離の変化を抑えて、旋回時などの操縦性を安定させるという特徴があります。

第4章 「力」を操る【足回り編】

リンク式リジット(上)とトーションビーム式(下)の構造

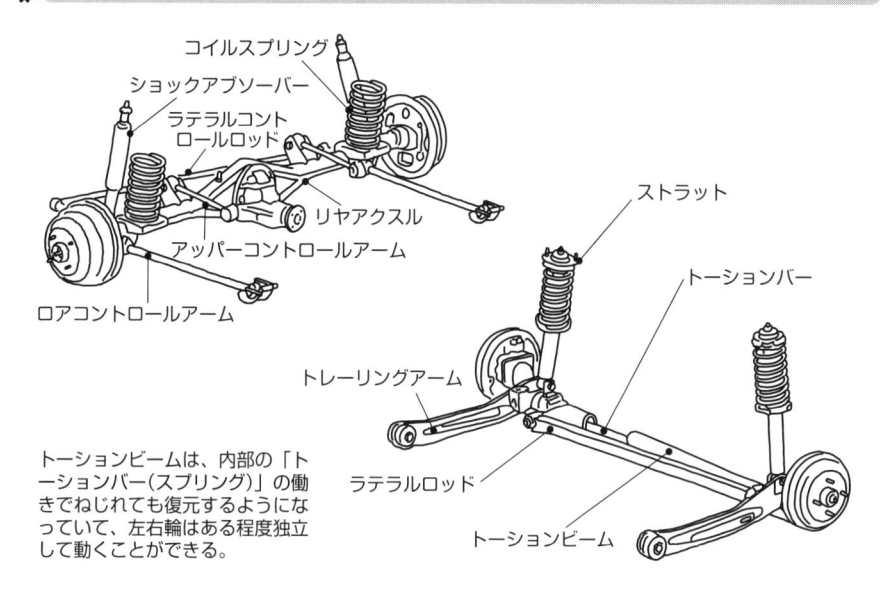

コイルスプリング
ショックアブソーバー
ラテラルコントロールロッド
リヤアクスル
アッパーコントロールアーム
ロアコントロールアーム

ストラット
トーションバー
トレーリングアーム
ラテラルロッド
トーションビーム

トーションビームは、内部の「トーションバー(スプリング)」の働きでねじれても復元するようになっていて、左右輪はある程度独立して動くことができる。

セミトレーリング式の構造とトレーリングアーム式の特徴

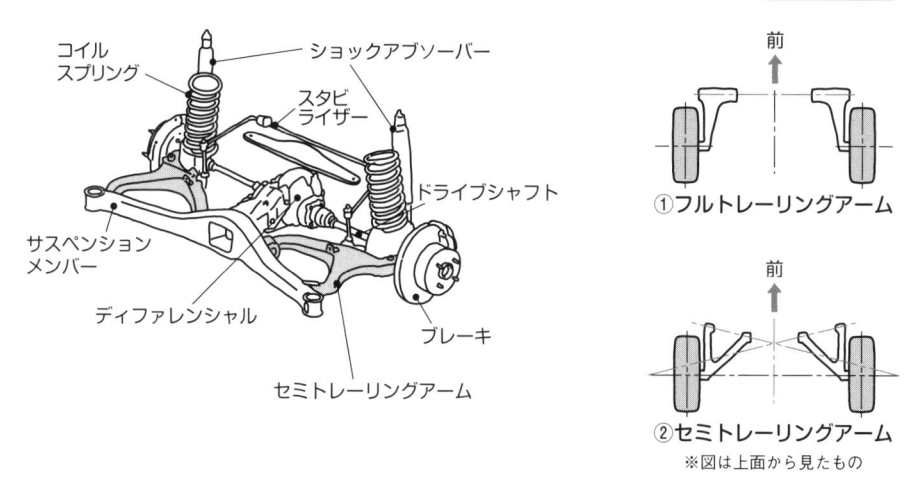

コイルスプリング
ショックアブソーバー
スタビライザー
ドライブシャフト
サスペンションメンバー
ディファレンシャル
ブレーキ
セミトレーリングアーム

前
①フルトレーリングアーム

前
②セミトレーリングアーム
※図は上面から見たもの

POINT
◎車軸懸架式のリヤサスペンションはリンク式リジットが主流で、独立懸架式のリヤサスペンションはトレーリングアーム式とダブルウィッシュボーン式が多い。FF車のリヤにはトーションビーム式が普及している

133

1-4 サスペンション用スプリングの特徴

サスペンションに用いられるスプリングといえば、螺旋状になったコイルスプリングが思い浮かびますが、これが多く用いられるのはどういった理由からですか？

　現在、乗用車用に用いられているスプリングは、螺旋状に巻かれた「コイルスプリング」が大半です。このスプリングは一般的な鋳鉄ではなく"バネ鋼"と呼ばれる素材で作られていて、ある程度の力を受けて押し縮められても元通りに復元する性質を持っています。また、スプリング1本当たり数百kgの荷重に耐えるだけの強度と、伸縮を繰り返しても簡単に折れない耐久性も兼ね備えています。

■1台のクルマでも異なるスプリングが用いられる

　取り外して自然な状態で置いたコイルスプリングは、上図のような形状をしています。各部の名称は、力を加えない状態での全長を「自然長」、元になるバネ鋼の直径を「線径」、螺旋同士の間隔を「ピッチ」、コイルそのものの直径を「コイル径」と呼んでいて、同じような大きさのスプリングでも、線径やピッチが違うと異なった性質を持ったスプリングになります。

　ちなみに、同じクルマの前後はもちろん、左右でも異なるスプリングが用いられていることが多く、取り外した際は左右を間違えないようにしなければなりません。また、ストラットやサスペンションアームに装備した状態のスプリングは少し押し縮められていて、凹凸路の走行でサスペンションが伸びる場合にも追従できるようになっています。

■ピッチや線径が違うとスプリングの性格が変わる

　コイルスプリングは、すでに説明したストラット式などの独立懸架式にも車軸懸架式のサスペンションにも使用でき、車重1〜2t程度のクルマを支えるには充分な強度と乗り心地を提供してくれます。ただ、積載物の有無によってクルマ全体の重量が大きく変化するバンなどの車種の場合、最大積載量を積んだ状態に耐えられるスプリングを選択する必要がある一方で、強靱（固い）だけでは空荷のときの乗り心地が悪くなってしまうということがあります。

　このような場合には、コイルスプリングのピッチを部分的に変化させた「不等ピッチスプリング」や線径の異なる「非線径スプリング」などを用いて、荷重がかかったり、クルマの動きが激しいときには強靱に、また、荷重が少ないときにはしなやかに動けるサスペンションにすることが可能です（中図、下図）。

コイルスプリング

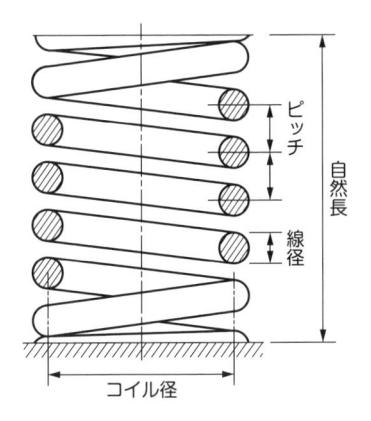

(図: コイルスプリングの各部名称 — ピッチ、線径、自然長、コイル径)

コイルスプリングの特徴
① ある程度の力で押し縮められても元通りに復元する
② 数百kgの荷重に耐える強度と伸縮の繰り返しに対する耐久性を備える

コイルスプリングの特性

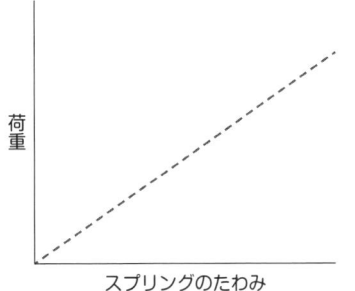

(グラフ: 横軸 スプリングのたわみ、縦軸 荷重)

不等ピッチコイルバネと非線径コイルバネ

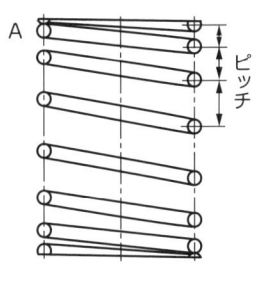

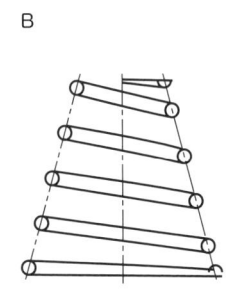

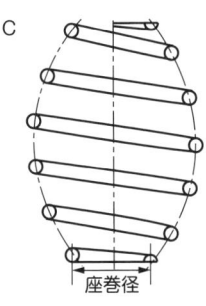

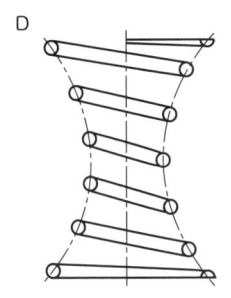

(図A: 不等ピッチ)
(図B、C、D: コイル径が異なるスプリング、座巻径)

不等ピッチ（A）や非線径、コイル径が異なるスプリングは、荷重の小さいときはしなやかに動き、荷重が大きくなるとバネ定数が変化して強靭なスプリングとして作用する。

POINT
- ◎乗用車のサスペンションにはコイルスプリングが用いられることが多い
- ◎同じクルマの前後、左右で異なるスプリングが使用されることが多い
- ◎ピッチや線径を変化させたスプリングでサスに加わる荷重や条件に対処する

1-5 コイル以外のスプリング

乗用車用のサスペンションに用いられるスプリングとしては、コイル以外にどんな種類があるのですか？ また、トラックなど大型車のサスペンションにはどのようなスプリングが使われるのでしょうか？

　トラックのタイヤ回りで鉄の板を何枚も組み合わせたような部品を見ることがありますが、これも立派なスプリングで「リーフスプリング」と呼ばれています。

◼︎支持用のアーム類を必要としないリーフスプリング

　現在、乗用車でリーフスプリングを採用している例はほとんどありませんが、商用車系では、積載量1tクラスのトラックから大型車まで広範囲に利用されています。
　リーフスプリングの利点には、
①板の枚数を増減することで、さまざまな積載量のクルマに対応できる
②リーフスプリング自体が車軸（アクスル）の支えになるのでアーム類が不要
③板同士がこすれ合うことで、スプリングの伸縮を早期に抑えることができる
などがありますが、乗用車用としては独立懸架式に向かない、重い、板のこすれる音が大きいといった理由から用いられなくなりました（上・左図、上・右図）。

◼︎サスペンションの高さを低くできるトーションバースプリング

　その他のスプリングとしては、コイルスプリングを螺旋状にする前の棒状のままで使用する「トーションバースプリング」があります。これは、中図にあるように前後に寝かせて、一方をサスペンションアームに、他方をボディにセットし、タイヤが上下するとねじれてスプリング効果を発揮します。このスプリングは、コイルに比べサスペンション全体の高さを抑えられることが特徴で、独立懸架式の左右のタイヤの動きをある程度制限する「スタビライザー」にも用いられています。

◼︎クルマの状況に応じてバネの強さを変化できるエアスプリング

　金属バネの代わりに高圧エアを利用した「エアスプリング」を用いる車種もあります。エアスプリングは、弾力性のある空気室（エアチャンバー）にエアポンプで高圧にしたエアを閉じこめたもので、乗用車用としてはストラットのコイルスプリングの部分に納められる例が多いようです。エアスプリングは、コンピューターでエア圧をコントロールし、荷重に応じたスプリング力を生み出せるため、乗り心地と操縦・安定性がよい、乗員や荷物が増えても車高が変化しないといった特徴があります。構造が複雑になりやすいため一部の高級車や輸入車が採用するに留まっていますが、乗員の増減が激しい観光バスなどは積極的に採用しています（下図）。

第4章 「力」を操る【足回り編】

リーフスプリングを用いたサスペンション

- ディファレンシャル
- ショックアブソーバー
- ブッシュ
- リーフスプリング
- センターUボルト
- スプリングパッド

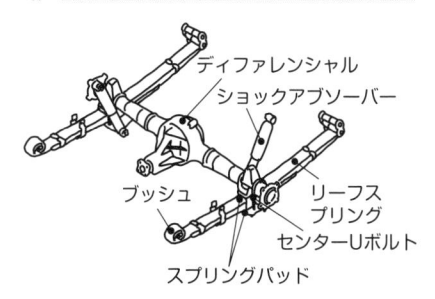

リーフスプリングの工夫

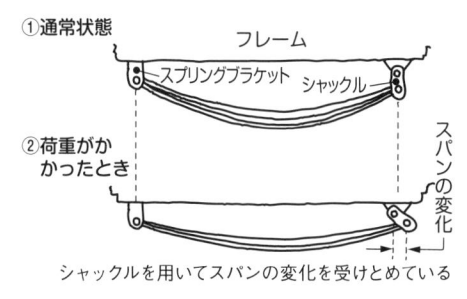

①通常状態
- フレーム
- スプリングブラケット
- シャックル
- スパンの変化

②荷重がかかったとき

シャックルを用いてスパンの変化を受けとめている

トーションバースプリングを用いたサスペンション

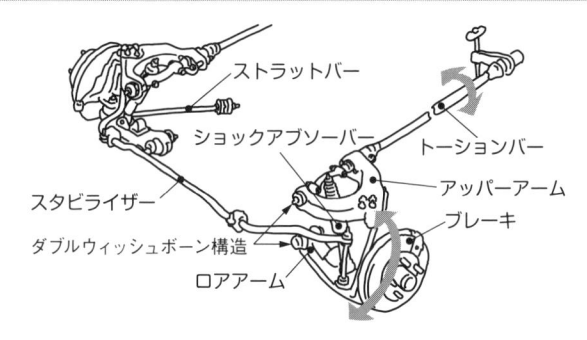

- ストラットバー
- ショックアブソーバー
- トーションバー
- スタビライザー
- アッパーアーム
- ダブルウィッシュボーン構造
- ブレーキ
- ロアアーム

エアサスペンション

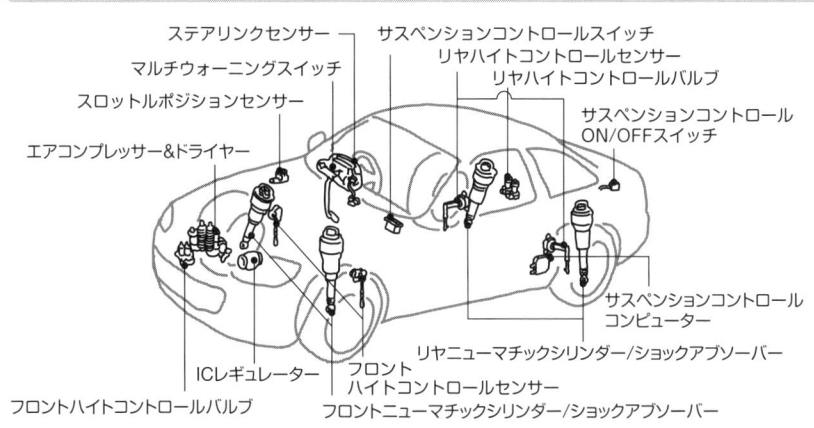

- ステアリンクセンサー
- マルチウォーニングスイッチ
- スロットルポジションセンサー
- エアコンプレッサー&ドライヤー
- サスペンションコントロールスイッチ
- リヤハイトコントロールセンサー
- リヤハイトコントロールバルブ
- サスペンションコントロールON/OFFスイッチ
- サスペンションコントロールコンピューター
- リヤニューマチックシリンダー/ショックアブソーバー
- ICレギュレーター
- フロントハイトコントロールセンサー
- フロントニューマチックシリンダー/ショックアブソーバー
- フロントハイトコントロールバルブ

POINT
- ◎リーフスプリングは荷重に対して強く、アクスルの支持も行う
- ◎トーションバースプリングは棒状なので、サスペンションを低くできる
- ◎エアスプリングは状況に応じてバネの力を変化させることができる

1-6 ショックアブソーバーの役割

130頁で、ショックアブソーバーの働きは"スプリングの伸び縮みを抑える"ことだとありましたが、スプリングは伸縮することで路面からのショックをボディに伝えないようにしているのではないのですか？

　「ショックアブソーバー」の説明に入る前に、もう少しスプリングの特性についての理解を深めておきましょう。

▍コイルスプリングの伸び縮みは加わる力に正比例する

　一般的なコイルスプリングは、上図のようなバネ秤に用いられていることからもわかるように、加わる力（荷重）に正比例して長さが変化します（135頁のグラフ参照）。この「荷重を伸びで割った数」を"バネ定数"と呼び、ある荷重の範囲内では一定であることが特徴です。

　それに対して長さが大きく異なる「子バネ」を組み合わせた親子リーフスプリングでは、子バネが親バネと密着するほどの荷重がかかると、いきなりバネ定数の傾きが変わるようになっています。すなわち、荷重が小さいときにはやわらかいスプリングとして乗り心地をよくし、荷重が大きくなると固いスプリングに変化して荷重に耐えるといった具合です（中図、下・左図）。

▍コイルスプリングは一度荷重が加わるとしばらくの間伸縮を繰り返す

　もう一度、上図を見て下さい。このバネ秤の先を下方向に少し引っ張ってから離すとどうなるでしょう。スプリングは上下に伸縮してやがて止まりますが、しばらくの間は伸縮を繰り返すことになります。

　これをクルマのサスペンションに当てはめて考えてみます。走っているクルマの先に石があり、タイヤがそれに乗り上げたとします。押し縮められたスプリングはショックを吸収してくれるものの、次に伸びようとします。平らな道ならやがて伸縮はおさまりますが、スプリングが伸びるタイミングでくぼみの上を通過したら、スプリングはさらに伸び、振幅が大きくなってボディが大きく揺さぶられ、最後にはコントロールを失うかもしれません。

　このように、スプリングの振動がいつまでも続く状態を早期に収束させ、安定した状態を生み出すために備えられているのが「ショックアブソーバー」で、その働きを"減衰作用"と呼んでいます（下・右図）。

　なおリーフスプリングは、伸縮時に板バネ同士が擦れ合うこと（板間摩擦）で、スプリング自体が減衰作用を生むといった利点も持ち合わせています。

第4章 「力」を操る【足回り編】

バネ秤（コイルスプリング）の特性

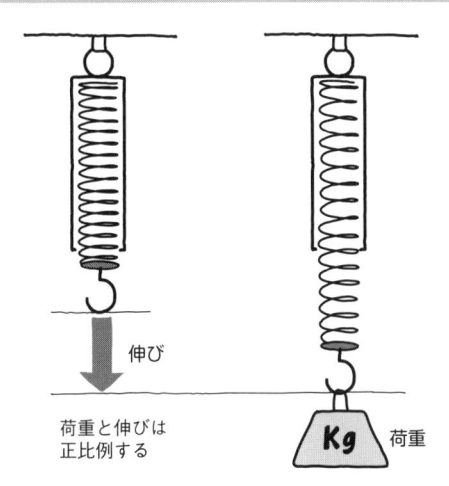

伸び
荷重と伸びは正比例する
Kg　荷重

親子リーフスプリング

積載物などの荷重が増すと、上下のリーフが1つになって固いスプリングになる。

リーフスプリングの特性

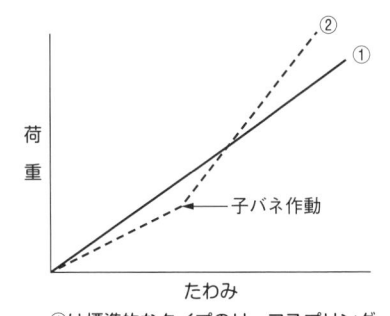

荷重／たわみ
② 子バネ作動
①は標準的なタイプのリーフスプリング
②は親子リーフスプリングのバネ特性

ショックアブソーバーの有無による違い

ショックアブソーバーを加えると2回目以降のバウンシングに変化が見られると同時に、収拾時間も早まる。

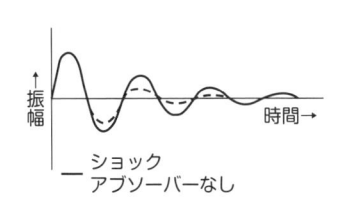

振幅／時間→

― ショックアブソーバーなし
--- ショックアブソーバーあり

POINT
- 一般的なコイルスプリングは荷重の大きさに正比例して伸縮する
- ショックアブソーバーは、路面の凹凸などの影響でスプリングが振動を繰り返すのを早期に抑える働きをしている

1-7 ショックアブソーバーのしくみ

ショックアブソーバーは、どのようなしくみによって「路面からのショックをやわらげながらスプリングの伸縮を抑える」ことを実現しているのですか？

「ショックアブソーバー」は「ダンパー」とも呼ばれ、"運動エネルギーを減衰するもの"という意味を持ちます。クルマに用いられるショックアブソーバーは、オイルが封入された筒状のシリンダー内をピストンが上下し、そのピストンに開けられた小さな穴（オリフィス）をオイルが通過するときの抵抗を利用して減衰作用を生み出しています。

■減衰力はスプリングの伸び側が大きい

上・左図は標準的なショックアブソーバーの構造を示しています。上側のロッドとピストンはボディに、下側のオイルが封入されたシリンダーはサスペンションアームなどタイヤとともに上下する部品に取り付けられます。

タイヤが石などの突起物に当たってシリンダーが持ち上げられると、内部のピストンに開けられた「オリフィスバルブ」を押し開けてオイルが通過し、シリンダー下部の空間から上部に移動します。この際のオリフィスは比較的大きな穴（通路）となっており、スプリングが縮む際に"突き上げ"として加わるボディへのショックをなるべく小さくしようとしています。逆にスプリングが伸びる際には、オリフィスが入れ替わって小さな穴をオイルが通過することになり、この抵抗によってスプリングの伸縮を減衰させるように働きます（上・右図）。

■クルマの使用条件に応じたショックアブソーバーの種類

下・左図はシリンダーの下部に高圧ガス室を持つ「ガス封入式ショックアブソーバー」で、荒れた道を高速で走行するような車種に使用されます。シリンダー内のオイルは、繰り返し減衰作用を行うと気泡を発生します。この気泡がオリフィスを通ると減衰作用の妨げとなり、安定した性能を発揮できないため、シリンダー下部の高圧ガスがフリーピストンを押し上げ、気泡を押し潰すように働きます。

下・右図は、オリフィスの大きさを調整できるようにした「減衰力可変式ショックアブソーバー」の例です。調整ダイヤルを回すことでオリフィスの径を変えることができ、走行する路面の状態に合わせることが可能になっています。調整ダイヤルがモーターで動き、室内からコントロールできるタイプや、サスペンションの動きをセンサーで判断し、電子制御で減衰力を変化させるタイプもあります。

第4章 「力」を操る【足回り編】

筒型ショックアブソーバー

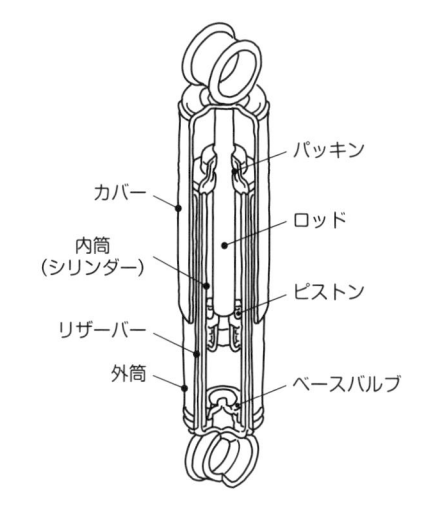

- カバー
- 内筒（シリンダー）
- リザーバー
- 外筒
- パッキン
- ロッド
- ピストン
- ベースバルブ

減衰力のしくみ

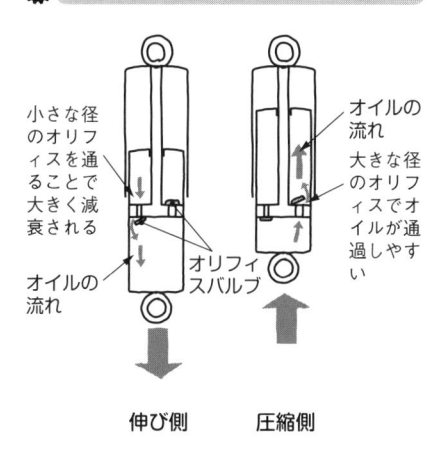

小さな径のオリフィスを通ることで大きく減衰される

オイルの流れ

オリフィスバルブ

オイルの流れ

大きな径のオリフィスでオイルが通過しやすい

伸び側　　圧縮側

ガス封入式ショックアブソーバー

- 外筒
- ロッドガイド
- パッキン
- ロッド
- ピストン
- オイル
- フリーピストン
- 高圧ガス
- チューブ

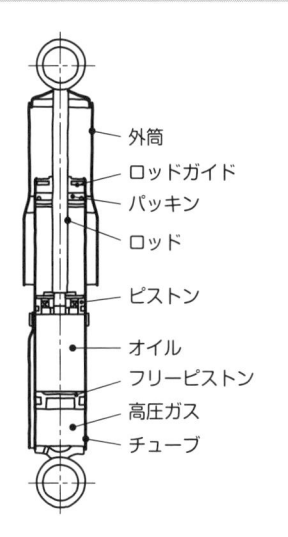

減衰力可変式ショックアブソーバー

- ロッド
- オリフィス
- バルブ
- 調整ダイヤル

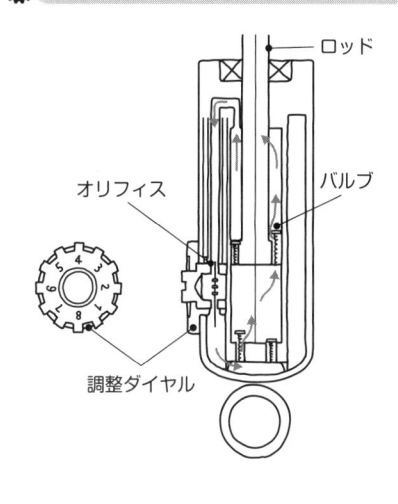

POINT

◎ショックアブソーバーは、オイルが封入されたシリンダー内をピストンが上下する際のオイルの流動抵抗を用いて減衰作用を行う

◎ショックアブソーバーは、縮み側より伸び側でより大きな減衰作用を行う

1-8 タイヤ・ホイールの構造

タイヤ・ホイールは、「駆動力」を最終的に路面に伝えていますが、サスペンションの一部としての役目を果たしているともいわれています。いったいどのような構造をしているのですか?

「タイヤ」はクルマと路面の唯一の接点となるパーツで、駆動力の伝達、制動作用、方向転換といったさまざまな動きを路面に伝えると同時に、サスペンション部品として車体を支える重要な役割を果たしています。

◼ 低扁平率のラジアルタイヤが主流、ホイールも大径・幅広化

タイヤはゴムでできていますが、内部には強度と耐久性を持たせるための「カーカス」や「スチールベルト」、「ホイール」との接合部を補強する「ビード」などが入っています。上・左図は、乗用車に用いられている「ラジアルタイヤ」の断面で、実際に路面と接する部分を「トレッド」と呼びます。厚いゴム層は路面にくいつきやすい材質でできており、内側には凹凸や異物を越える際の衝撃に耐えるスチールや特殊な樹脂のベルトが巻かれています。また、トレッドには雨天走行時に路面に溜まった水でタイヤが滑ることを防ぐ排水用の溝(グルーブ)が設けられています。

タイヤの肩の部分を「ショルダー」、横面を「サイドウォール」と呼び、特にサイドウォールは、旋回時に"しなる"ことで路面とトレッドの接地をよくするとともに、一種のスプリングとして振動や衝撃の一部を受け止めています。

ところで、このところサイドウォールの高さが低い「低扁平率」のタイヤが増加しています。扁平率とはタイヤの「高さを幅で割った数値」で、これが小さくなればなるほど"幅広"となり、タイヤと路面とが接する面積が増えて、より"グリップ"のよいタイヤとなりますが、その分タイヤのスプリング効果が少なくなり、乗り心地は悪くなる傾向にあります(上・右図、中図)。

低扁平タイヤが普及するにつれ、タイヤの外径を保つために「ホイール」径は大きくなり、幅も広くなってきました。ホイールは鉄製かアルミ合金製がほとんどで、タイヤを装着するとビード部がしっかりとはまって固定されます。また、クルマのタイヤは自転車のようなチューブを持たないタイプがほとんどですから、このビード部には気密性の高さも要求されます(下図)。

なお、一般的な夏用タイヤのほか、雪道用の「スタッドレスタイヤ」、パンクの際に応急的に使用する「テンパータイヤ」、パンクしても100kmほどの距離を走行できる「ランフラットタイヤ」も登場しています。

第4章 「力」を操る【足回り編】

ラジアルタイヤの構造

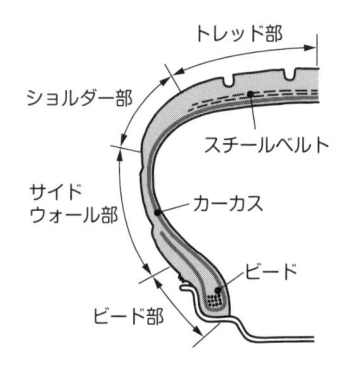

- トレッド部
- ショルダー部
- スチールベルト
- サイドウォール部
- カーカス
- ビード
- ビード部

扁平率

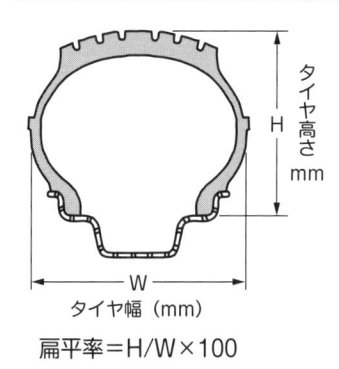

- タイヤ高さ mm（H）
- タイヤ幅（mm）（W）

扁平率＝H/W×100

タイヤサイズの表記例

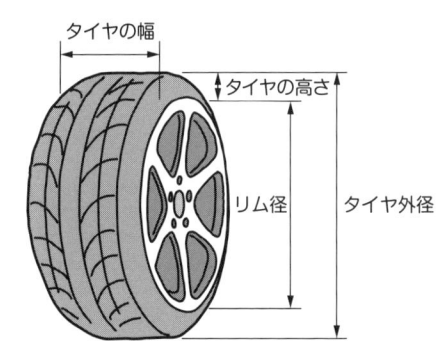

- タイヤの幅
- タイヤの高さ
- リム径
- タイヤ外径

195①/65② R③ 15④ 94⑤ S⑥

①タイヤ幅
②扁平率 (%)
③ラジアルタイヤ
④リム径
⑤ロードインデックス
⑥速度記号

※⑤ロードインデックスとはタイヤ1本で支えられる最大負荷の大きさ。95＝690kg
※⑥速度記号とは規定の条件下でそのタイヤが走行できる速度を示す記号。S＝180km/h

ホイールの寸法

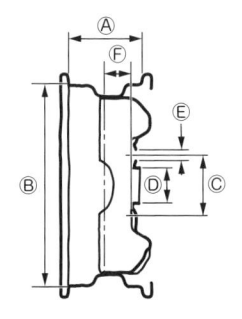

Ⓐリム幅
Ⓑリム径
ⒸPCD（ナット座ピットサークル直径）
Ⓓハブ穴径
Ⓔボルト穴直径
Ⓕオフセット量

POINT
◎ラジアルタイヤには強度、柔軟性を高めるためにカーカスやベルトが内部に巻かれており、昨今は低扁平率のものが増えている
◎ホイールは鉄かアルミ合金製がほとんどで、タイヤをしっかりと保持している

2. ホイールアライメントとクルマの挙動

2-1 走行中のクルマの挙動

サスペンションやタイヤの役割、種類や構造については理解できましたが、実際にクルマが走ったり、止まったり、曲がったりする際は、どのような動きをするのですか？

1tを超える重量のクルマが動く際には、重力や慣性力の影響を受けていて、その結果がクルマの挙動となって現れます。

◢挙動変化は3本の中心軸回りに発生する

クルマはスプリングを介してタイヤ4本でボディを支えています。そのため、走ったり曲がったりすると、タイヤの接地面を基準にしたX、Y、Zの3本の軸を中心とした挙動変化が起きます（上図）。

① バウンシング：4つのタイヤに付けられたスプリングに、同時に、同方向、同量の振幅が発生した場合、クルマはボールが跳ねるように上下運動を起こす。

② ピッチング：フロントのスプリングとリヤのスプリングの伸縮の向きが180°違う場合、クルマはちょうどシーソーのように、Y軸を中心に前後が順番に上下し、乗員も前後に揺すられるような状態になる。

③ ローリング：X軸を中心にクルマの左右が上下する状態。ウネリのある路面で左右のタイヤが交互に凹凸を通りすぎるような場合に発生するほか、旋回時、遠心力によってカーブの外側が沈み、内側が浮き上がるようなときの挙動もローリングと呼んでいる。

④ ヨーイング：クルマは旋回時、遠心力による"カーブの外へ飛び出そうとする力"とタイヤの旋回力（コーナリングパワー）が釣り合った状態で旋回する。この際、Z軸を中心にしたボディの挙動をいう。

⑤ スクワット：停止状態のクルマが急発進したり、走行中に急加速するような場合、エンジンの駆動力の急激な高まりでリヤスプリングが沈み、フロントが伸び上がるような状態になること（中図）。

⑥ ノーズダイブ：走行中に急ブレーキをかけると慣性力でフロントが沈み、リヤが浮き上がる。クルマを横から見ると、ちょうど「ツンのめった」ような状態になること（下図）。

これらが、走行中にクルマに発生している挙動ですが、クルマ自体の重量や重心の高さ、前後の重量配分、サスペンション（特にスプリング）の強さなどによって、挙動の大きさは違ってきます。

第4章 「力」を操る【足回り編】

バウンシング、ピッチング、ローリング、ヨーイング

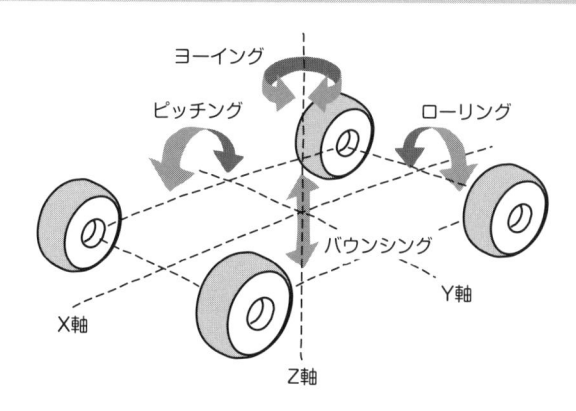

- ヨーイング
- ピッチング
- ローリング
- バウンシング
- X軸
- Y軸
- Z軸

スクワット

ノーズダイブ

POINT
◎クルマに発生する挙動は、基本的にクルマのX、Y、Z軸を中心とした動きである
◎挙動の種類には、バウンシング、ピッチング、ローリング、ヨーイング、スクワット、ノーズダイブなどがある

2-2 ホイールアライメントの必要性

舗装されていて平らに見える道でも、継ぎ目や細かな凹凸があるものですが、直線路でハンドルから手を離してもクルマがまっすぐ走るのはなぜですか？

例えば、まっすぐな道でも常にハンドルをしっかり握っていなければ安定して走れないクルマや、車線変更後、ドライバーが確実に直進状態に戻さなければならないクルマだったとしたらどうでしょうか。常に神経を使った運転を強いられ、落ち着いてドライブもできないはずです（上図）。

クルマには、ある程度の外力が加わっても直進状態を保ったり、車線変更や旋回の動作が終わった後には自ら直進状態に戻るといった機能が備わっています。これには、タイヤ（ホイール）の足回り部品への取り付け角度が影響していて、このあらかじめ設定された"タイヤの取り付け角度"を総称して「ホイールアライメント（タイヤの整列）」と呼んでいます。

▌アライメントの考え方

駐車場に停めてあるクルマのタイヤを見ても、角度がついていることに気がつかないと思いますが、乗用車に大人5人が乗って走ろうとすると、ボディにはだいたい300kgほどの荷重がかかります。この状態をサスペンションやタイヤの立場から見てみると、中図のように左右のタイヤはボディの内側に倒れ込むような状況になるはずです。実際には図のような極端な角度はつきませんが、少しでも内側に角度がついた状態で走行すると、左右のタイヤはそれぞれ内側に入っていくように転がるため、タイヤには常に余分な力が加わることになります。

また、下図はフロントタイヤの状態を上方向から見たものです。タイヤの接地面はボディの左右両端に近い位置にあり、ハンドルを操作してタイヤが回る回転中心は接地面より内側にあります。クルマが走るとタイヤと路面の抵抗から、タイヤは常に後方に引っ張られ、右タイヤにはハンドルを右に切るのと同じ方向の、逆に左タイヤには左に切るのと同じ方向の力が常に加わることになります。

上の2つの例では、左右のタイヤがボディやサスペンション部品を通じてつながっているために、それぞれのタイヤの動きは相殺されますが、左右の力のバランスが崩れているとクルマはあらぬ方向に進むことになります。「ホイールアライメント」は、こういった常にタイヤに加わる力を少しでも軽減して、クルマが安定して走行できるようにしています。

第4章 「力」を操る【足回り編】

常にハンドルを握っていなければならないクルマ

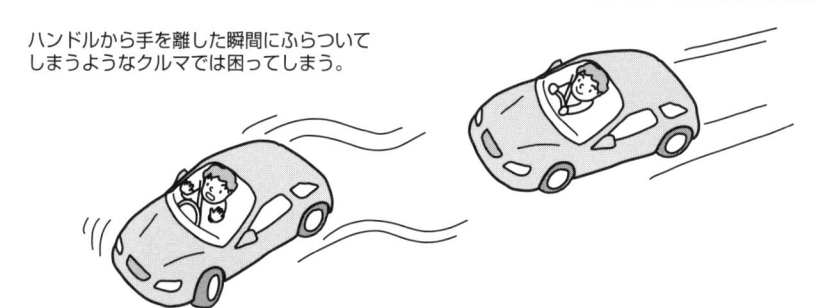

ハンドルから手を離した瞬間にふらついてしまうようなクルマでは困ってしまう。

サスペンションにかかるクルマの荷重

走行中にタイヤに加わる力

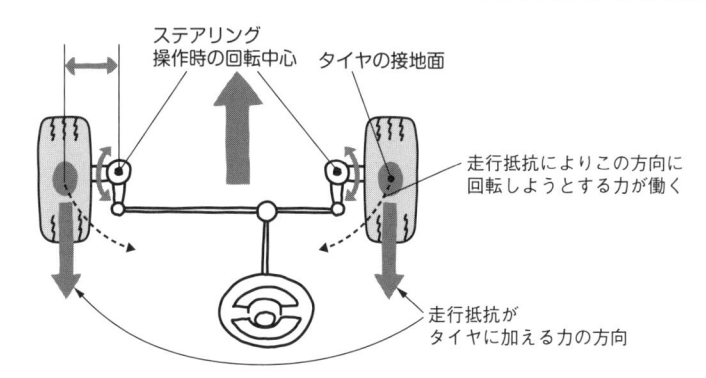

ステアリング操作時の回転中心
タイヤの接地面
走行抵抗によりこの方向に回転しようとする力が働く
走行抵抗がタイヤに加える力の方向

POINT
◎ホイールアライメントはタイヤの整列を意味し、走行時にクルマに加わる力によってタイヤに起きる角度変化を見越して、あらかじめタイヤの取り付け角度を設定することをいう

2-3 キャンバーとキングピン角

ホイールアライメントの必要性についてはイメージとしてわかりましたが、実際にはどのようなものがあるのですか？ また、その意味と役割はどうなっているのでしょうか？

　ホイールアライメントは、クルマの直進性を高める、ハンドル操作力を軽減する、操作後は直進状態に戻そうとする、タイヤが偏って摩耗するのを防ぐ、などさまざまな働きをしています。ここでは、タイヤにつけられた3次元の傾きを個別に見ていくとともに、それぞれの関わりについても説明します。

（1）キャンバー

　「キャンバー」とは、クルマを前から見たときのタイヤの左右方向への傾きをいいます。前項の中図にあるように、クルマの重量がサスペンションに加わると、左右のタイヤは、ちょうど"ハ"の字のようになりますが、これを見越して最初から上部をクルマの外側へ倒れるように角度をつけたのが本来のキャンバーです。

　タイヤの上部を外側に倒したものを「ポジティブ（プラス）キャンバー」、逆を「ネガティブ（マイナス）キャンバー」と呼びます。以前は上記の理由でポジティブキャンバーがつけられていたのですが、現在は幅の広いタイヤが装着されるようになり、タイヤの接地面をより広くしたいという理由と、静止時のタイヤの傾きよりも旋回時にカーブの外側にくるタイヤの接地面積がより大きくなるようにするといった理由で、ゼロ～マイナスキャンバーに設定するのが一般的です（上図、中図）。

（2）キングピン角

　前輪独立懸架のクルマには、「キングピン」と呼ばれる部品はありませんが、ハンドルを操作したときのタイヤの回転中心をキングピンと呼び、この仮想キングピンを前から見たときの左右方向の傾きを「キングピン角」と称しています（下・左図）。

　キングピン角があることで、ハンドル操作時のタイヤの回転中心とタイヤの接地面中心とが接近し、テコでいうところの支点から作用点までの距離（図のO-M）が短くなるため、より少ない力でハンドル操作ができるようになります。また下・右図にあるように、タイヤは直進状態のときもっとも高い位置にくることになり、ハンドルを切ることでクルマを持ち上げる作用が働くため、ハンドルから力を抜くと、タイヤが自ら直進状態に戻ろうとする"復元力"が発生します。

　なお、キャンバーとキングピン角は単独ではなく、あわせて考える必要があり、その両者を足した数値を「インクルーデッドアングル」と呼んでいます。

第4章 「力」を操る【足回り編】

✿ キャンバー

①ポジティブ（プラス）キャンバー

②ネガティブ（マイナス）キャンバー

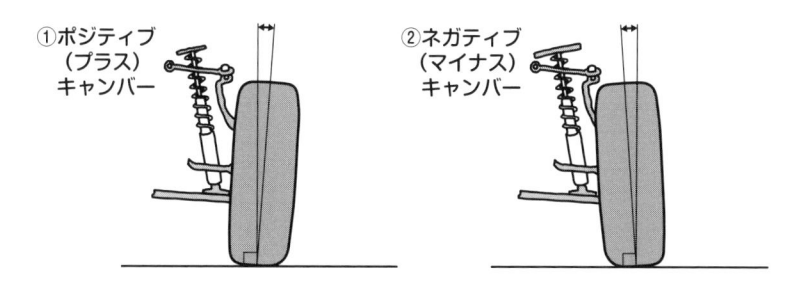

✿ コーナリング中のキャンバー変化とタイヤの接地面積

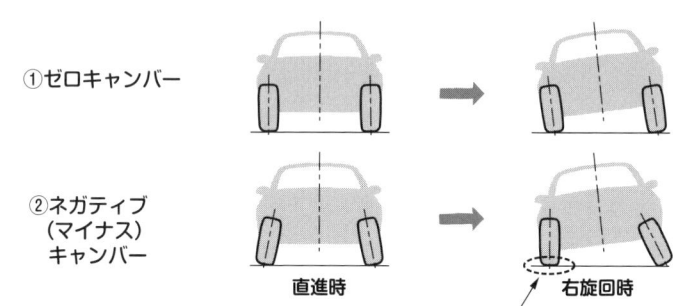

①ゼロキャンバー

②ネガティブ（マイナス）キャンバー

直進時 → 右旋回時

ネガティブキャンバーにセットされているので、旋回時、遠心力で荷重がかかる外側のタイヤの接地面積が大きくなり、より踏ん張ることができるようになる

✿ キングピン角

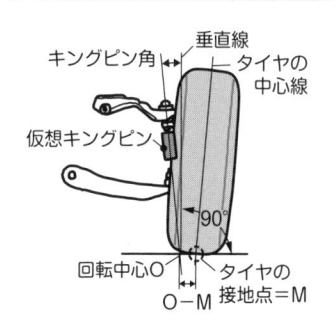

キングピン角／垂直線／タイヤの中心線／仮想キングピン／回転中心O／タイヤの接地点＝M／O−M

✿ キングピン角によるハンドルの復元作用

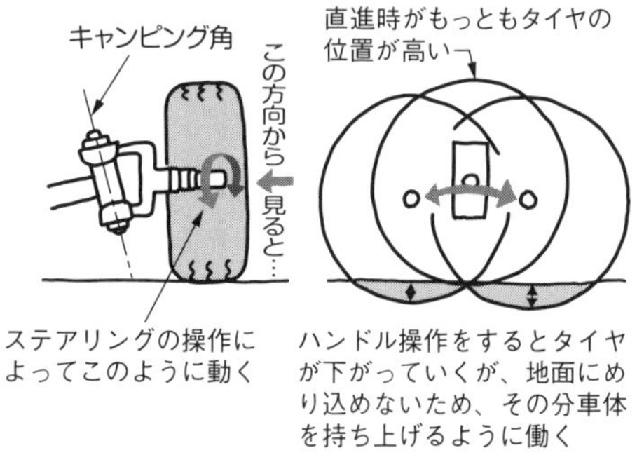

キャンピング角

この方向から見ると…

ステアリングの操作によってこのように動く

直進時がもっともタイヤの位置が高い

ハンドル操作をするとタイヤが下がっていくが、地面にめり込めないため、その分車体を持ち上げるように働く

POINT
◎現在、ゼロ〜マイナスキャンバーのクルマが多くなっている
◎キングピン角は、クルマを前から見たときの仮想キングピンの傾きをいい、ハンドル操作力を軽減し、ハンドルに復元力を与える

2-4 トーインとキャスター

キャンバーとキングピン角についてはわかりましたが、ホイールアライメントには他にどのようなものがあるのですか？ また、それらの関係性はどうなっているのでしょうか？

　ホイールアライメントには、キャンバー、キングピン角、トーイン、キャスターの4種類がありますが、それぞれを単独で考えるのではなく、すべての関わり合いについて理解する必要があります。ここでは、キャンバーとの関係が深い「トーイン」と、ハンドル操作に大きく関わっている「キャスター」について説明します。

（1）トーイン

　「トー」とは、クルマを上から見たときの左右タイヤの傾きをいい、「トーイン」状態とは、タイヤの前方がそれぞれクルマの内側を向いたちょうど"内股"の状態を指します。逆に、タイヤの前方が外に開いた状態を「トーアウト」と呼びます。なお、他のホイールアライメントが角度で表されるのに対し、トーは左右タイヤの前と後ろの幅の違いを「mm」で表現します（上・左図）。

　トーインは、ポジティブキャンバーがついたクルマの前輪が外に向かって転がろうとするのを、これを与えることで相殺する働きを持っています。キャンバーがゼロ付近になった現在でも、走行抵抗によってタイヤが外に広がろうとするのを抑えるために、ある程度のトーインが設定されています。

（2）キャスター

　「キャスター」は、クルマを横から見たときの仮想キングピン（前項参照）の傾きをいいます。この傾きがあることで、椅子やベビーカーを押したときに、タイヤがどれも同じ方向を向くのと同様の働き（キャスター効果）が生まれ、クルマの直進性を高めています。また、左右のフロントタイヤにキャスターがついていることで、ハンドルを切った後に直進状態に戻ろうとする復元力が生まれます（上・右図）。

　下図の左はキャスターゼロの状態、右はキャスターがついた状態を示しています。ハンドルを操作すると、タイヤは仮想キングピンを軸として回ります。キャスターがない状態では、ハンドルをどこまで回してもタイヤの接地面中心と回転軸が地面と接する点との距離は左右同じですが、キャスターがある場合、カーブの外側に当たるタイヤ側の距離が長くなり、その分モーメント（回そうとする力）が大きくなります。この左右タイヤのモーメントの違いが復元力となって、ハンドルを直進状態に戻そうとするのです。

第4章「力」を操る【足回り編】

トーイン

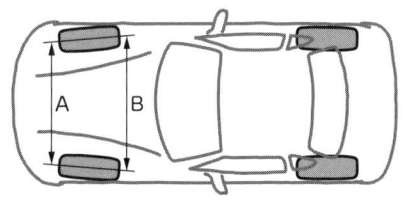

B−A＝トーイン
B＞A＝正のトーイン
B＜A＝負のトーイン

キャスター

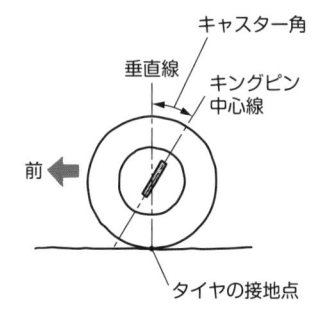

キャスター角
垂直線
キングピン中心線
前
タイヤの接地点

キャスターによるハンドル復元力の効果

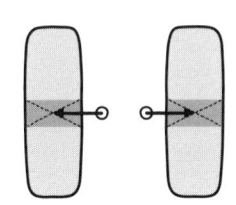

①キャスターなし　　②キャスターあり

キングピンの延長線が地面に接する点

直行時

タイヤの接地面中心　　キングピンの傾き
（キャスターを生む）

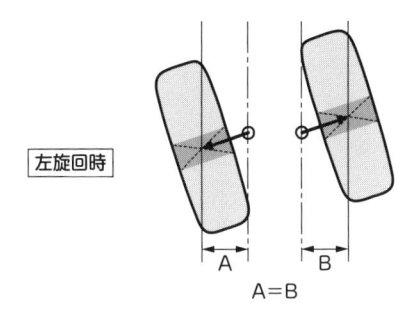

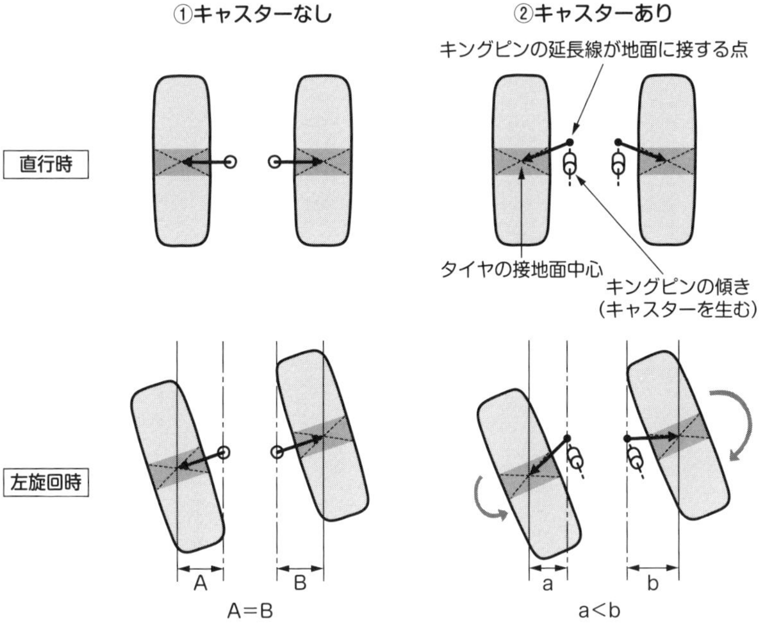

左旋回時

A＝B　　a＜b

キャスターゼロではA＝Bとなりタイヤを回そうとする力は左右で同じ

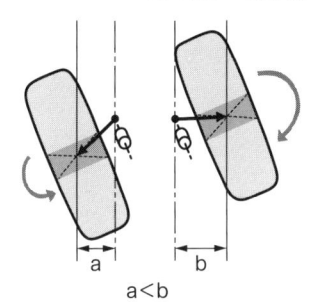

キャスターがあるとカーブの外側タイヤのモーメントが内側より大きくなりハンドルを戻そうとする

POINT
◎トーインはクルマを上から見たときのタイヤの傾きをいう
◎キャスターはクルマを横から見たときの仮想キングピンの傾きをいい、直進性を向上させ、ハンドルに復元力を与える

3.「曲がる」をつかさどるシステム

3-1 クルマの旋回

クルマがカーブを曲がったり、方向を変えようとするとき、タイヤはどのような動きをしているのですか？ また、そこにはどのような力が加わっているのでしょうか？

カーブではハンドルを曲がる方向に切ります。するとタイヤに角度がつき、それによって旋回が可能となります。しかし、クルマの旋回運動は、低速時とスピードが上がった状態とでは異なっています。

■ 低速時は角度のついたタイヤの転がる方向に旋回

まず、非常にゆっくりしたスピードでの旋回運動を考えてみます。ハンドルを切ることで左右のフロントタイヤに角度がつき、そのタイヤが転がる方向にクルマは曲がっていきます。ところで、左右輪の角度（切れ角）が同じだった場合、タイヤの軌跡は上図のように旋回中に交わってしまいますが、現実にはそれぞれのタイヤが横滑りしながら曲がることになります。この不安定な旋回状態を防ぐために、実際のクルマでは中図のような関係になるように、「ナックルアーム」の角度を設定しています（アッカーマン・ジャントゥ式）。こうすることで、旋回時の4本のタイヤの回転中心が1つになり、よりスムーズな旋回を行うことができるのです。

■ 高速旋回時、クルマには遠心力が作用する

一方スピードが出ているときは、ハンドル操作でタイヤにつけた角度通りにクルマは曲がってくれません。これは、曲がろうとする際にクルマには遠心力が働くからで、タイヤの角度と実際のタイヤの進行方向は、下・左図のような関係になります。"コーナリングフォース"とは、旋回中のタイヤのトレッド（地面と接する部分）が路面との摩擦抵抗で変形することによって発生し、遠心力と釣り合ってクルマを曲げようとする力のことをいいます。

スピードが出ているときのクルマの旋回は、①フロントタイヤに角度がついてコーナリングフォースが発生、②クルマ全体がカーブに沿って傾く、③リヤタイヤにもコーナリングフォースが発生、④カーブに沿ってクルマが旋回する、といった段階を経て成り立っていて、低速時の旋回に比べて旋回中心は下・右図のように移動しています。

なお、雨や雪道でハンドルを切ってもクルマが曲がらないことがあるのは、路面の摩擦抵抗が極端に低くなるために、コーナリングフォースが発生しないか小さくなり、慣性でクルマがまっすぐ進んでしまうからです。

第4章 「力」を操る【足回り編】

左右輪の動く角度が同じ場合の旋回

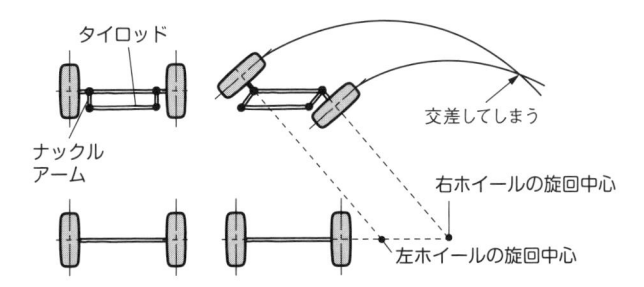

タイロッド
ナックルアーム
交差してしまう
右ホイールの旋回中心
左ホイールの旋回中心

左右輪の動く角度が違う場合の旋回

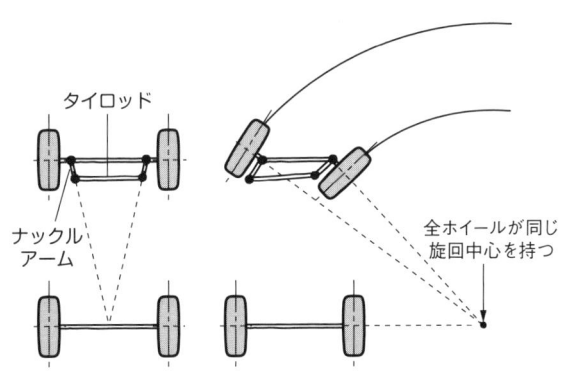

タイロッド
ナックルアーム
全ホイールが同じ旋回中心を持つ

求心力の発生

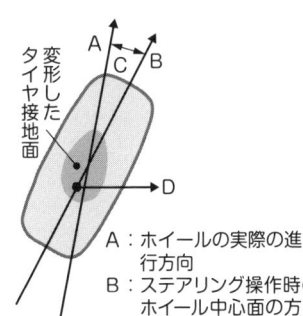

変形したタイヤ接地面

A：ホイールの実際の進行方向
B：ステアリング操作時のホイール中心面の方向
C：スリップアングル
D：コーナリングフォース

旋回中のクルマの回転中心

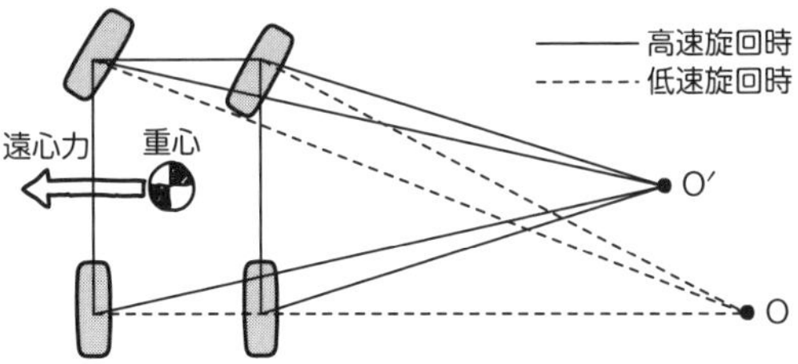

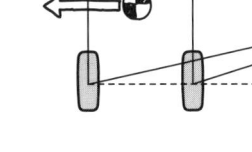

高速旋回時
低速旋回時
遠心力
重心
O′
O

POINT
◎アッカーマン・ジャントゥ式では4本のタイヤは同心円を描くようになっている
◎高速時のクルマには遠心力が働くため、タイヤの向きと進行方向は一致しない
◎クルマはタイヤに発生するコーナリングフォースと遠心力がバランスして曲がる

3-2 ステアリング機構の概要

ドライバーはクルマを旋回させるためにハンドルを操作しますが、この動きはどのような経路をたどってタイヤまで伝わるのですか？ また、それはどんなしくみによるのでしょうか？

　ドライバーがハンドルを切ると、その量に応じてタイヤは角度を変え、クルマは旋回します。このハンドルの動きは、多くのパーツを経てタイヤまで伝わっています。ここではステアリング機構の構成部品を紹介します（上図）。

(1) ステアリングホイール

　ハンドルは正式には「ステアリングホイール」と呼びます。旋回時に回すのはもちろん、ホーンスイッチやエアバッグが備えられ、ステアリングから手を離さずに操作できるようにウインカーやライト類、ワイパー等のほか、キースイッチなどが装備されています。なお、これらの付属品が取り付けられる部分を「ステアリングコラム」と呼んでいます（下・左図）。

(2) ステアリングシャフト

　ステアリングホイールの回転をギヤ機構まで伝えるために備えられたシャフトで、ギヤ機構の位置に合わせてシャフトの角度を変えるための「フックジョイント」が備わっているものもあります。またこのシャフトは、クルマが事故で前面を損傷した際にドライバー側に飛び出してくるのを防止するため、衝撃を受けると変形して縮むようになっています（コラプシブル機構：下・右図）。

(3) ステアリングギヤ機構

　ステアリング（シャフト）の回転を、左右のタイヤに減速して伝えるためギヤ機構が設けられています。

(4) リンク機構

　ステアリングの回転は、ギヤ機構で左右方向の動きに変えられた後、「タイロッド」を経て「ナックルアーム」に伝わります。タイロッドは、自身の長さを変えることができ、車検時などに150頁で説明したトーインの数値を調整する際に使われます。またナックルアームは、サスペンション部品である「ステアリングナックル」に付属する部品で、ここにハンドルの動きが伝わることでタイヤは角度を変え旋回することができます。なお前項で説明したように、左右のナックルアームの取り付け角度が、その延長線上のリヤアクスルの中央で交わるように設定されるのが"アッカーマン・ジャントゥ式"です。

第4章 「力」を操る【足回り編】

ステアリング機構

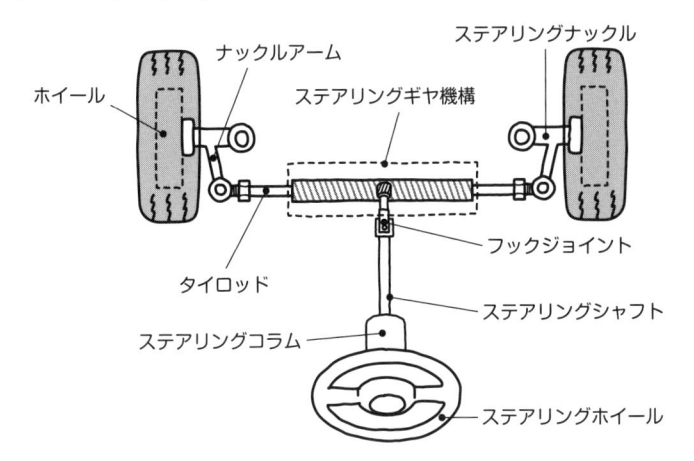

（図：ホイール、ナックルアーム、ステアリングナックル、ステアリングギヤ機構、タイロッド、フックジョイント、ステアリングコラム、ステアリングシャフト、ステアリングホイール）

ステアリングの工夫

ステアリングホイールは、ドライバーの体格や運転姿勢に合わせて角度や奥行きを調整できるものもある。

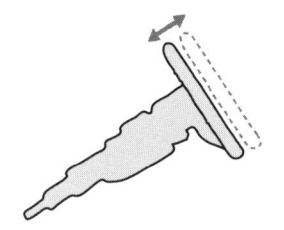

①テレスコピックステアリング

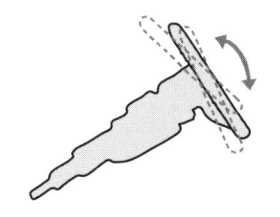

②チルトステアリング

コラプシブル機構

正面衝突時など前からの力を受けると、シャフトが変形してドライバー側に飛び出すのを防止する。

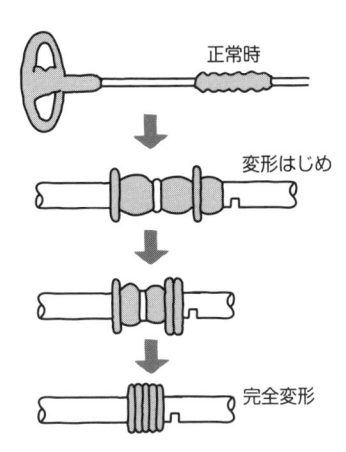

正常時

↓

変形はじめ

↓

↓

完全変形

POINT
◎ステアリングホイールの動きは、ステアリングシャフト、ステアリングギヤ、タイロッド、ナックルアーム、ステアリングナックルを経てタイヤ（ホイール）まで伝わる

3-3 ステアリングギヤ機構のしくみ

車庫入れや方向転換などの際、ハンドルを回す量とタイヤにつく角度（切れ角）にはかなりの差があるように感じますが、この差はどうして生じるのですか？

　クルマのハンドルは、左右それぞれで1.5回転ほど回せます。それに対して、タイヤにつく角度はせいぜい30°を少し超える程度です。これは、ステアリング装置に備わっているギヤ機構の働きで、トランスミッションと同じようにハンドルの回転を減速してタイヤを動かす力を高めているからです。

◪ラックアンドピニオン式が主流

　現在、乗用車用に用いられているステアリングギヤ機構は「ラックアンドピニオン式」が主流になっています。

　以前は、「ボールナット式」（上・左図）と呼ばれる方式を採用したクルマが多く、これはステアリングシャフトの回転をベアリングを介して「ボールナット」で減速し、横方向の動きに変換したうえで「セクターシャフト」の回転運動にもう一度変換し直すという複雑な方法をとっていました（上・右図）。さらに多くのリンクを経てタイヤを動かすことから、部品点数が多く重くなるために、採用するクルマはほとんどなくなりました。

　ラックアンドピニオン式は、下・左図のように、ステアリングシャフトに直結している「ピニオンギヤ」の回転を棒状の「ラックギヤ」の横方向の動きに変換するという比較的単純な構造のものです。ピニオンギヤの回転をラックギヤに伝える時点で減速作用も行われますから、部品点数や接合点も少なく、タイヤを通じて路面の状態もダイレクトに伝わってくるといったメリットもあわせ持っています。

◪接合部にはボールジョイントを使用

　前項で説明したように、ラックギヤの左右の動きは、タイロッドを通じてステアリングナックルのナックルアームに伝わります。このナックルアームの動きが"仮想キングピン"を中心軸としたタイヤの回転運動となります。

　なお、タイロッドの先端（タイロッドエンド）とナックルアームの接合部には「ボールジョイント」と呼ばれる部品が用いられています。ボールジョイントは単なるボルトではなく、ナットで締めつけられた状態で回転したり接合する両者の傾きが変化しても対応できるようになっていて、直線運動するラックギヤと回転運動するナックルアームの位置関係の変化に柔軟に対応できるようになっています（下・右図）。

第4章 「力」を操る【足回り編】

ボールナット式のリンク機構

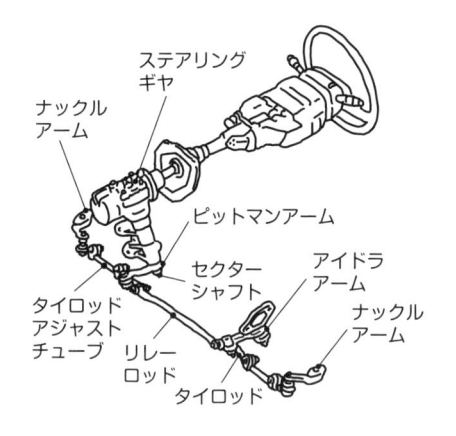

ステアリングギヤ
ナックルアーム
ピットマンアーム
セクターシャフト
アイドラアーム
ナックルアーム
タイロッドアジャストチューブ
リレーロッド
タイロッド

ボールナット式のギヤボックス

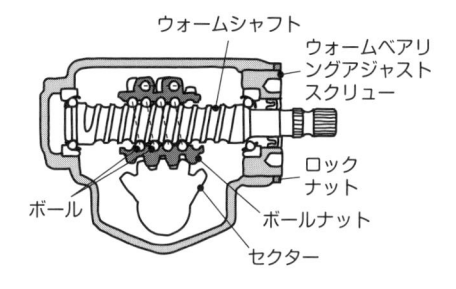

ウォームシャフト
ウォームベアリングアジャストスクリュー
ロックナット
ボールナット
セクター
ボール

ラックアンドピニオン式の機構

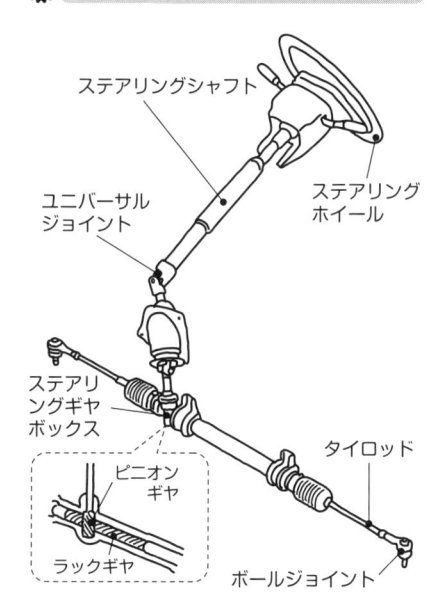

ステアリングシャフト
ユニバーサルジョイント
ステアリングホイール
ステアリングギヤボックス
ピニオンギヤ
ラックギヤ
タイロッド
ボールジョイント

ボールジョイントの構造

ボールジョイントはタイロッドの先端などに設けられ、接続するナックルアームなどが回転したり、傾いたりしても追従できるようになっている。

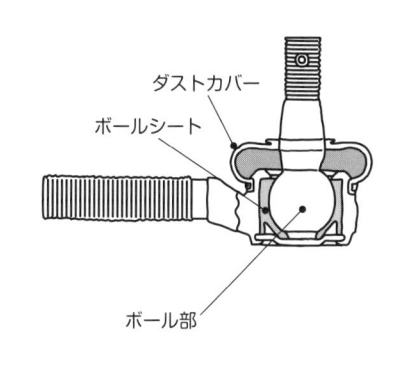

ダストカバー
ボールシート
ボール部

POINT
◎現在のステアリングギヤ機構の主流はラックアンドピニオン式
◎ラックアンドピニオン式は、部品点数が少なく軽いうえにダイレクト感があることがメリットとなっている

3-4 油圧式パワーステアリングの原理と作動

駐車場にクルマを停めたり、低速で切り返しをしようとする際、指でハンドルを回せるほど軽いクルマもあれば、両手で全力を出さないと回らないものもあります。この差はどうして生じるのですか？

現在、商用車の一部を除いて、ほとんどのクルマには「パワーステアリング」が装備されています。パワーステアリングには、エンジンの力でオイルポンプを回し、発生したオイルの圧力を利用してハンドル操作力を補助する「油圧式」と、モーターの力で補助する「電動式」があります。ここでは、油圧式について説明します。

▌オイルの圧力でラックギヤを後押しする

上・左図は、油圧式パワーステアリングのシステム例です。図中の「オイルポンプ」は、ベルトでエンジンに回されオイルを加圧します。ポンプから出たオイルは、「油圧回路」を通じてステアリングギヤ機構のラックギヤに直結する「パワーピストン」の左右のシリンダーに導かれています。「コントロールバルブ」は、ピニオンギヤのすぐ上に設けられた油圧経路の切替バルブ（弁）で、ステアリングシャフトの動きとバルブの開閉は連動しています。

上・右図を見て下さい。エンジンをかけるとオイルポンプが油圧を発生し、パワーシリンダー内に圧力が加わります。この際、ハンドルが直進状態のときは、パワーピストンの左右にかかる圧力が等しく、送られてくるオイルは"ドレーン（排出）"されてリザーバータンクに戻るようになっています。ハンドルを操作すると、パワーシリンダーの左右どちらかの部屋の通路だけがオイルポンプとつながり、反対側のオイルはドレーンされるようにバルブが動きます。そこで、パワーピストンが油圧で押されてラックギヤを押し、ハンドル操作を後押しするように働くのです。

▌旋回中にハンドルを止めるとパワーピストンの左右の油圧が等しくなる

では、カーブの途中でハンドルを止めた場合はどうなるのでしょう。バルブが切り替わったままなら、タイヤはどんどん切れ込んでしまいますが、ステアリングシャフトとコントロールバルブの間にはバネ鋼でできたシャフトが入っています。ハンドルを切ると、路面とタイヤの抵抗でコントロールバルブの外側にあるオイル経路が動かないのに対して、中のバルブはバネ鋼のシャフトがねじれる分だけ少し傾いて、オイルの経路を切り替えます。ラックギヤが動き始めるとオイル経路もバルブに追従して回り、ハンドルを止めるとオイル経路がバルブに追いつき、中立状態となってハンドルの角度を保持するのです（下図）。

第4章 「力」を操る【足回り編】

🔧 油圧式パワーステアリング

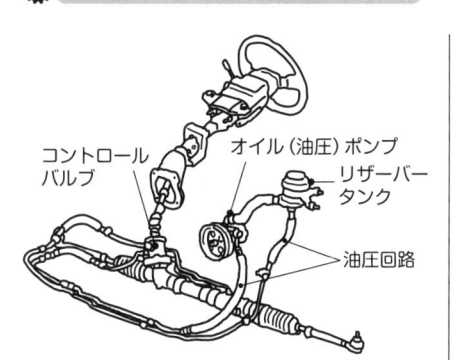

🔧 パワーステアリングの作動原理

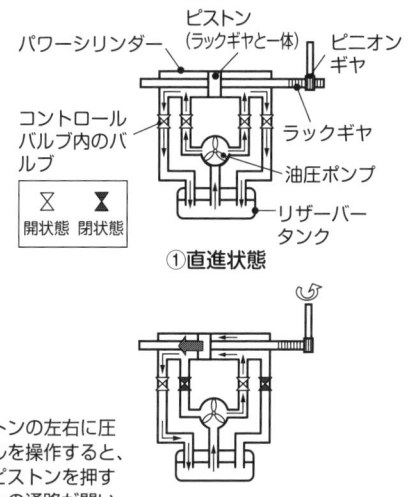

①直進状態

②旋回状態

直進状態では、すべてのバルブが開いているためにピストンの左右に圧力差がなく、ピストンは中立状態になっている。ハンドルを操作すると、油圧ポンプからピストンの片側のみにオイルが送られてピストンを押すように働く。押される側のオイルは、リザーバータンクへの通路が開いてドレーンされる。

🔧 旋回中にハンドルを止めた場合の保持

〈ギヤボックスを正面から見た図（左）とハンドル側から見た図〉

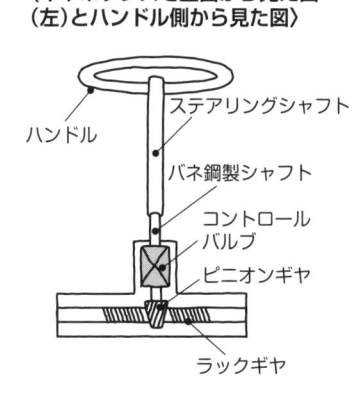

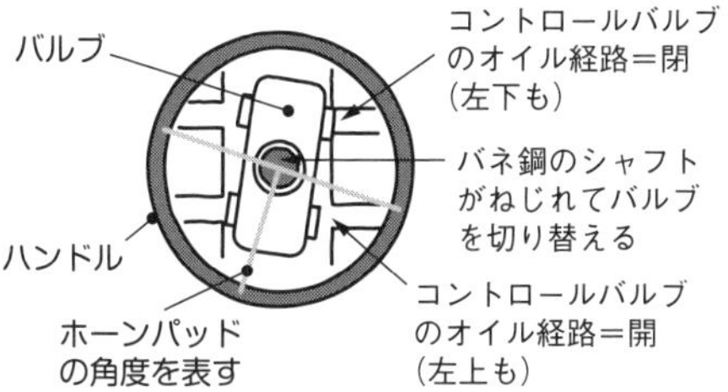

①ハンドルの切り始めは、タイヤの抵抗でコントロールバルブのオイル経路は止まったままだが、バネ鋼のシャフトがねじれた分だけバルブが傾いて通路を切り替える

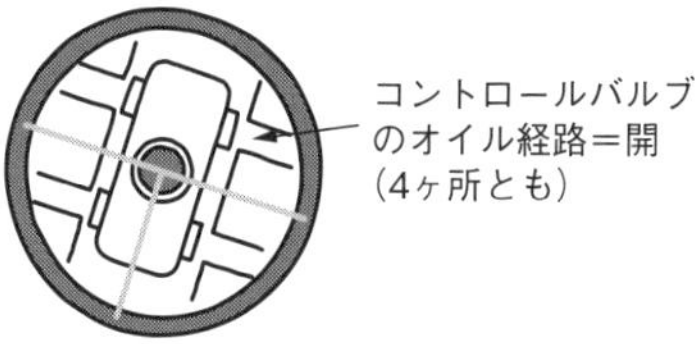

②旋回中にハンドルを止めると、オイル経路が後からついてきて中立状態と同じになり、タイヤの切れ角が保持される

> **POINT**
> ◎パワーステアリングには油圧式と電動式がある
> ◎油圧式は、オイルポンプで生み出した油圧をラックギヤに直結するパワーピストンの左右どちらかにコントロールバルブを介して導き、後押しするように働く

159

3-5 油圧式の制御と電動パワーステアリング

パワーステアリングは、停止状態でタイヤの向きを変えようとするときなど「ハンドルが重い」場合に補助してくれるものですが、高速でのコーナリングの際にも働いているのですか？

昔はパワーステアリングの補助力が大きすぎて、ドライバーが不安を感じるようなクルマもありましたが、現在ではクルマの状態に応じて補助力を加減するようになっています。ここでは油圧式の「制御」と「電動パワステ」について説明します。

■速度やエンジン回転数の上昇に応じて補助力を加減

ハンドルの操作力は軽ければいいというものではありません。操作力はタイヤと路面の摩擦抵抗によって変化しますが、それがもっとも大きくなるのはクルマが止まっているときで、この状態で切り返しをしようとするとかなりの腕力が必要となります。逆に高速走行中に操作力を補助されると、ほんの少しハンドルを切っただけで進路が大きく変わってしまうという問題があり、補助力にも適度な大きさが必要になってきます。

油圧式のパワーステアリングでは、エンジン回転数が高いときや速度が速いときに、油圧ポンプの排出（ドレーン）量を増やして圧力を下げ、補助力を少なくするような工夫がされています（前者がエンジン回転数感応型、後者が速度感応型）。なお、現在は速度センサーが装備されているクルマが大半になってきたことから、コンピューター制御の速度感応型が主流となっています（上図）。

■エンジンのパワーを使わない電動パワーステアリング

現在のクルマはエンジンの力を"走る"ためだけでなくさまざまな機構に利用しています。発電機やエアコンのコンプレッサーを回すだけでもかなりのパワーを消費しており、特に軽自動車など小排気量のエンジンにとってはパワーステアリングに利用される油圧ポンプの駆動でさえ負担になっています。そこで、エンジンの負荷を少しでもなくす目的で、必要なときだけハンドルを補助する「電動パワーステアリング」が用いられるようになりました。

電動パワーステアリングでは、専用のモーターがステアリングシャフトやラックギヤなどに取り付けられており、30〜40km/h程度までの速度域のみハンドル操作を補助するように働き、速度が増すとマニュアルステアリングになります。エンジンのパワーをムダにしないだけでなく、少しでも燃費を向上させるといった理由から軽自動車だけでなく小型クラスでも採用する車種が増えてきています（下図）。

第4章 「力」を操る【足回り編】

速度感応型パワーステアリング

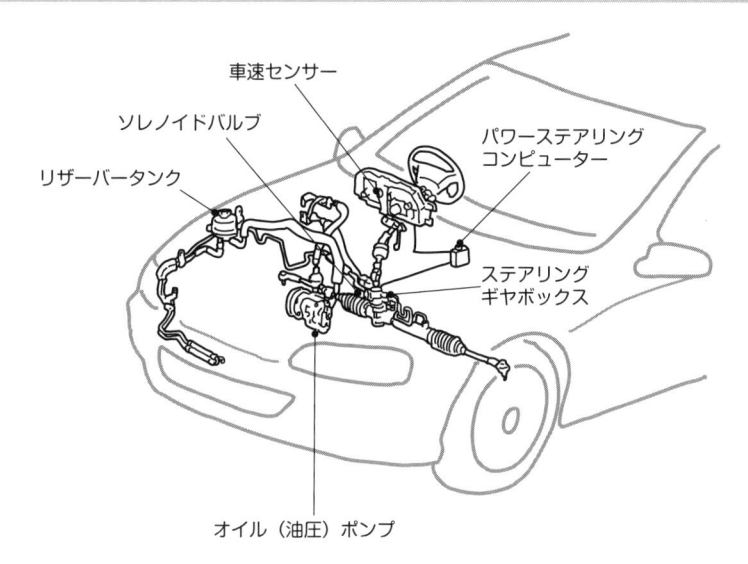

車速センサー
ソレノイドバルブ
パワーステアリング
コンピューター
リザーバータンク
ステアリング
ギヤボックス
オイル（油圧）ポンプ

電動式パワーステアリング

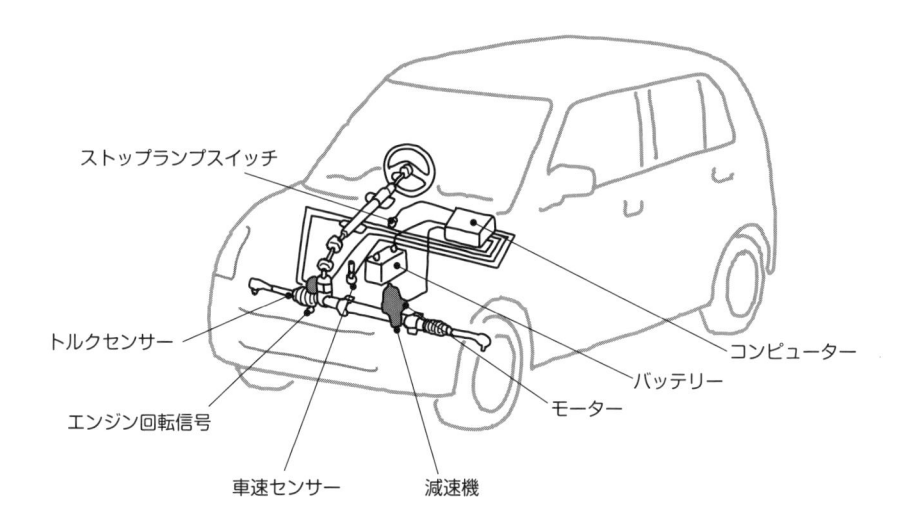

ストップランプスイッチ
トルクセンサー
コンピューター
エンジン回転信号
バッテリー
モーター
車速センサー
減速機

POINT
◎油圧式パワステは走行速度に応じてハンドルの補助力を加減し（低速時が中心）、ハンドル操作に安定感を出すようにしている
◎電動パワステは低速時のみモーターで操作力を補助し、エンジンの負担を減らす

4.「止まる」をつかさどるシステム

4-1 ブレーキの概要

1tを大きく超える重量があって、時に100km/hというスピードで走るクルマを止める(制動する)ブレーキには、どのような種類があり、それぞれどんな特徴を持っているのですか？

　現在の乗用車には300psを超えるパワーを持ち、200km/hを超える最高速が出せる車種があります。道路交通法上、公道でそんな速度を出すことはあり得ませんが、一般的な乗用車でも、停止状態から100km/hの速度に達する時間が10秒程度の車種はざらですから、それに見合ったブレーキ（制動装置）の性能を備えていなければ安心して運転することはできません（上図）。

■運動エネルギーを熱エネルギーに変換して放出

　クルマも自転車のブレーキと同様、タイヤと一体となって回転している「ブレーキディスク」や「ブレーキドラム」といった部品に、サスペンション側に取り付けられているブレーキ部品（ブレーキパッドやシュー）を押し付け、摩擦力で制動しています（下図①②）。この際、クルマの持つ運動エネルギーを熱エネルギーに変換して、大気中に放出させるといった作業が行われるのですが、重くて高速で走るクルマの運動エネルギーを変換する際に発生する熱はかなりのもので、ブレーキ部品の発熱で摩擦力が低下し、制動力が失われるといったこともあります。

　また、クルマには走行中に使用するブレーキのほかに「パーキングブレーキ」が備えられています。これは停車中に使うもので、坂道や傾斜のある場所にクルマを停めても勝手に動き出さないようにしています。

　さらに、こういった制動装置の他に「エンジンブレーキ」があります。これは、一定の速度で走っているクルマのアクセルペダルを戻して回転数を下げ、エンジンをタイヤが回ろうとすることの抵抗として利用するものですから、クラッチを切ったりトランスミッションをニュートラルにすると効果がありません（下図③）。

■乗用車に用いられるディスクブレーキとドラムブレーキ

　走行中に用いられるブレーキ（フットブレーキ）には、「ディスクブレーキ」と「ドラムブレーキ」があります。ディスクブレーキはタイヤとともに回る金属の円盤（ブレーキディスク）を両端からブレーキパッドで挟んで摩擦するもので、乗用車の前輪のほとんどと、後輪の多くに用いられています。ドラムブレーキは、タイヤとともに回る金属製ドラムの内側に設けられたブレーキシューを広げることで摩擦し、制動するもので、このタイプを後輪に用いるクルマはまだまだ存在しています。

第4章 「力」を操る【足回り編】

制動の考え方

空走距離はドライバーに起因する要素。いかに停止距離を短くするかは、制動中（制動距離の間）にどれだけ運動エネルギーを熱エネルギーに変換できるかにかかっている。

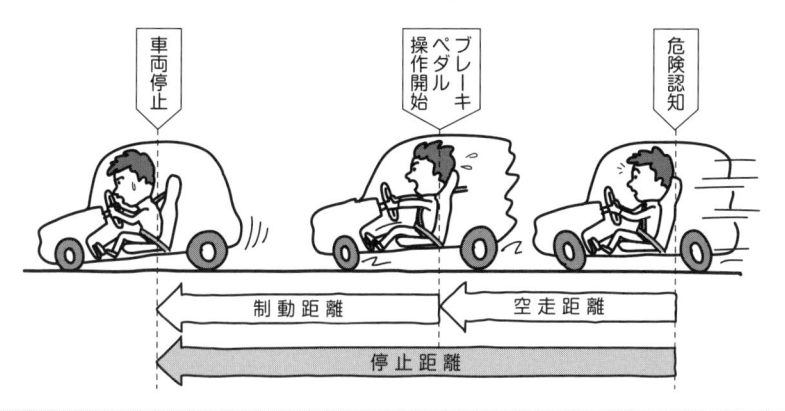

車両停止 ← ブレーキペダル操作開始 ← 危険認知

←―― 制動距離 ――← ←―― 空走距離 ――
←―――――― 停止距離 ――――――

ブレーキ各種のイメージ

ブレーキシュー
ブレーキパッド
ブレーキディスク
ブレーキドラム

①ディスクブレーキ　　②ドラムブレーキ＆パーキングブレーキ

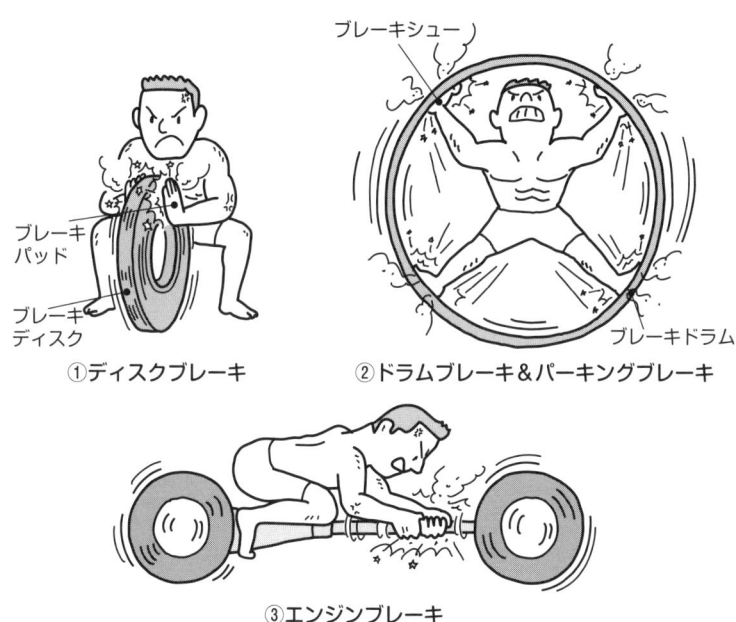

③エンジンブレーキ

POINT
◎ブレーキは摩擦によって運動エネルギーを熱エネルギーに変えて制動している
◎走行中の制動にはフットブレーキ（ディスクブレーキとドラムブレーキ）やエンジンブレーキが、停止中の制動にはパーキングブレーキが用いられる

163

4-2 ディスクブレーキの構造と作動

ブレーキの主流になっているディスクブレーキは、タイヤとともに回るブレーキディスクをパッドで挟み込んで摩擦していますが、その構造や実際の作動はどうなっているのですか？

　ブレーキペダルを踏んで作動させる乗用車のフットブレーキは、基本的に油圧を利用しています。

◾️ディスクはホイール側、キャリパーはナックルに付いている

　ディスクブレーキの主要部品は、「ブレーキディスク」と「ブレーキキャリパー」の2つです。ブレーキディスクは、タイヤ（ホイール）とともにナットで締めつけられ、一体となって回っています。ブレーキキャリパーは、ブレーキペダルの操作によって高まる油圧で内部のピストンを押し、ディスクとピストンの間に備えられた「ブレーキパッド」を強くディスクに押し付けるように働きます（上図）。

　ブレーキキャリパーが取り付けられている場所ですが、フロントタイヤの場合、ホイールに近いボディ（フレーム）側の強靭な部品で、ステアリング操作の際にタイヤの動きに連動するものでなければなりません。その条件に合うのが「ステアリングナックル」です。

　ステアリングナックルは、これまで見てきたサスペンションやステアリング、FF車の場合は動力伝達機構にも関わる部品で、アッパーアームやロアアームの先端にボールジョイントを介して取り付けられています（中・左図）。

◾️ピストンのオイルシールがリターンスプリングとしても働く

　ブレーキパッドは、樹脂や金属など多くの素材を複合し、耐摩耗性が高く熱による摩擦力の低下（フェード現象）が起きにくい材料でできていますが、走行距離に応じて交換が必要です。

　ピストンの移動でディスクに押し付けられたパッドは、ドライバーがブレーキペダルから力を抜いた際、戻ってディスクとの間に隙間を作らなければ、ブレーキがずっと引きずったままになります。しかし、ピストンには「リターンスプリング」らしきものが見あたりません。

　この役目をしているのが、ピストンに備えられた「ピストンシール」で、油圧が高まった際、オイルをシリンダーの外に漏らさないという本来の役目以外に、ピストンシールの変形量だけパッドをディスクに押し付け、油圧が下がると変形した分がもとに戻るといったリターンスプリングの働きも持っています（中・右図、下図）。

第4章 「力」を操る【足回り編】

ディスクブレーキの作動

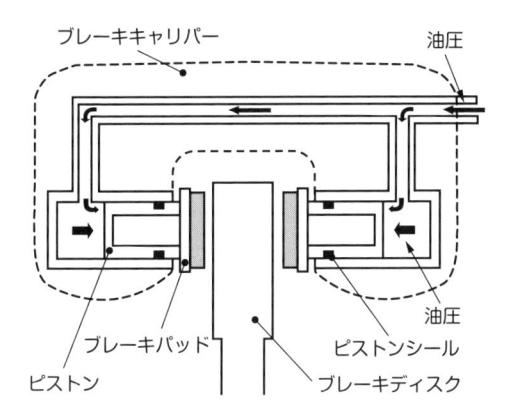

図中ラベル：ブレーキキャリパー、油圧、ブレーキパッド、ピストンシール、ピストン、ブレーキディスク、油圧

フロントディスクブレーキの関連部品

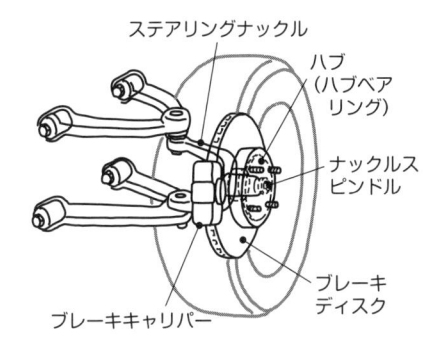

図中ラベル：ステアリングナックル、ハブ（ハブベアリング）、ナックルスピンドル、ブレーキディスク、ブレーキキャリパー

ピストンとピストンシールの関係

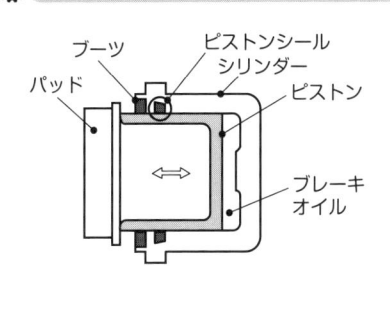

図中ラベル：ブーツ、ピストンシール、シリンダー、パッド、ピストン、ブレーキオイル

ピストンシールの働き

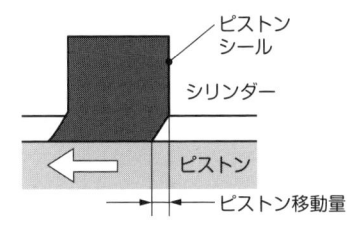

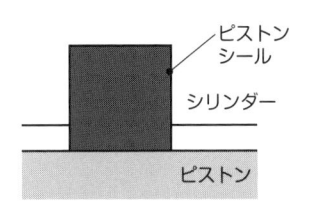

図中ラベル：ピストンシール、シリンダー、ピストン、ピストン移動量

①油圧が作用したとき　　②油圧が作用しないとき

POINT
- ◎ディスクブレーキはディスクをパッドで挟み込んで摩擦し、制動する
- ◎ブレーキキャリパーはステアリングナックルに付いている
- ◎ブレーキ解除によりピストンシールが復元し、パッド、ディスク間に隙間を作る

4-3 ディスクブレーキの種類と特徴

軽自動車から大排気量のスポーツカーまで幅広く採用されているディスクブレーキには、クルマの性能に見合った違いがあると思います。ディスクブレーキのバリエーションにはどんなものがあるのですか？

　ディスクブレーキは次項で説明するドラムブレーキに比べ、ブレーキディスク（以下ディスク）とブレーキパッド（以下パッド）が大気に直接触れることから"放熱性"に優れています。このため、制動力を安定して発揮することができ、ほとんどの乗用車（特に前輪）に採用されるようになりましたが、クルマの大きさや性能に合うタイプが選ばれています。

▆浮動キャリパーと固定キャリパーの違い

　上図は、キャリパーの一部が横方向にスライドできるようになっています。ピストンに油圧がかかると、まず"パッドA"をディスクに押し付けます。パッドAが動かない状態になると、今度は「浮動キャリパー」が図の右方向にスライドして"パッドB"をディスクに押し付け、結果的にディスクが両方のパッドで挟み込まれるようになります。これは「浮動キャリパー・シングルピストン式」と呼ばれるベーシックなディスクブレーキ形式で、幅広く利用されています。

　次に、前項の上図をもう一度見て下さい。向かい合った1組のピストンに油圧を加えて、両端からパッドでディスクを挟むように作動するこの形式は「固定キャリパー・対向ピストン式」と呼ばれ、安定して強い制動力を発揮できるのが特徴です。

　ディスクブレーキの制動力を高めるには、パッドとディスクの接触する面積を増やして摩擦力を大きくすることが必要ですが、そのためにピストンを片側2つにして幅の広いパッドを装備した「浮動キャリパー・2ピストン式」や「固定キャリパー・対向4ピストン式」といったタイプも用いられています（中図）。

▆放熱性を高めてフェード現象を防止

　ブレーキの大敵は連続した使用で発熱し、パッドとディスクの摩擦力が低下する"フェード現象"です。さらに、発熱が進むとブレーキオイルが沸騰して気泡が発生する"ベーパーロック"を引き起こすこともあり、こうなるとブレーキペダルを踏んでも油圧が高まらずに、ブレーキが効かなくなってしまいます。ディスクブレーキは、ディスクが空気に触れていることから冷却されやすいと述べましたが、このディスクと空気の触れる面積を増やして冷却を促進させる「ベンチレーテッドディスク」も多くのクルマに採用されています（下図）。

第4章 「力」を操る【足回り編】

浮動キャリパーの作動

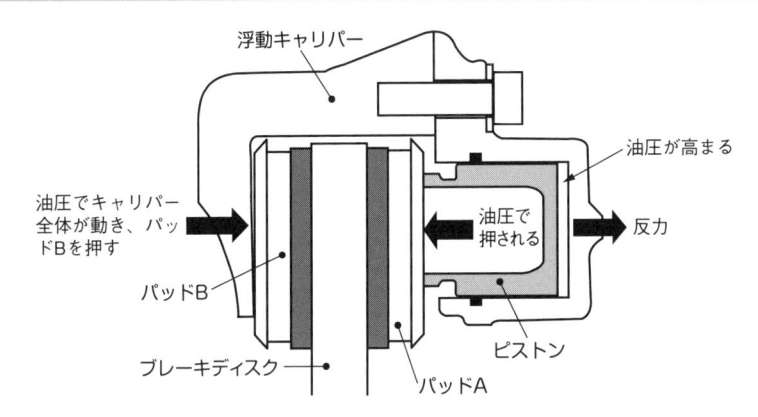

- 浮動キャリパー
- 油圧が高まる
- 油圧でキャリパー全体が動き、パッドBを押す
- 油圧で押される
- 反力
- パッドB
- ピストン
- ブレーキディスク
- パッドA

ディスクブレーキの種類

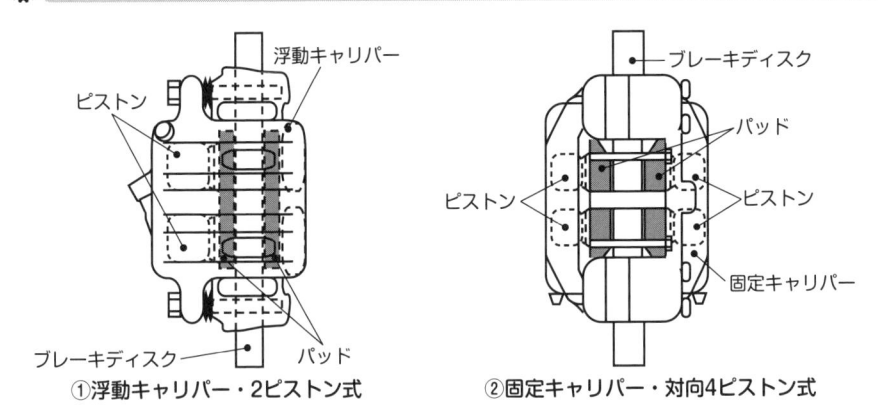

- 浮動キャリパー
- ピストン
- ブレーキディスク
- パッド

①浮動キャリパー・2ピストン式

- ブレーキディスク
- パッド
- ピストン
- ピストン
- 固定キャリパー

②固定キャリパー・対向4ピストン式

ベンチレーテッドディスクブレーキ

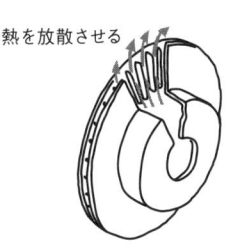

熱を放散させる

ベンチレーテッドディスクブレーキは、放熱性を高めるためにディスクの表面積を増すとともに、フィンの効果で放熱を促進する。

POINT
◎ディスクブレーキには、キャリパーがスライドして作動する浮動キャリパー式と、向き合ったピストンでディスクを挟む固定キャリパー式がある
◎ベンチレーテッドディスクブレーキは空気に触れる面積が多く放熱性が高い

4-4 ドラムブレーキの構造と特徴

乗用車用のフットブレーキとしてはディスクブレーキが主流ですが、後輪を中心に使用されているドラムブレーキは、どのような構造をしていて、どんな特徴があるのですか？

　制動力を自ら高める機能（後述）を持つドラムブレーキは、乾燥した路面での制動力に優れていますが、放熱性の悪さや雨が浸入した場合の性能低下などの弱点があり、主役の座をディスクブレーキに譲ることになりました。

■ドラムの内側にあるブレーキシューが広がって摩擦

　ドラムブレーキの構造は上図のようになっています。「バッキングプレート」は、サスペンションのアクスルチューブやトレーリングアームなどに固定されており、「ブレーキドラム」以外の部品は、このバッキングプレートに取り付けられています。また、ブレーキドラムはタイヤ（ホイール）とともに回ります。

　ブレーキペダルを踏まない状態では、「ブレーキシュー」は「シューリターンスプリング」で内側に引っ張られていて、ブレーキドラムとブレーキシューの間には隙間ができています。その状態からブレーキペダルを踏み込むと、「ホイールシリンダー」内の圧力が高まり、内部のピストンがブレーキシューを図の上下に押します。押されたブレーキシューの反対側は、「シューアジャスター」で止められているため、ここを支点としてブレーキシューが広がりブレーキドラムを押し付けて摩擦するのです（内部拡張式ブレーキ）。

■ブレーキシューはブレーキドラムに接触するとより強く摩擦する

　ドラムブレーキは"自己倍力効果"と呼ばれる特徴を持っています。これは、ブレーキをかけた際、中図のように、ブレーキドラムの回転方向と同じ側のブレーキシューはブレーキドラムに引っぱられるようになって、摩擦力が高まる現象をいいます。この効果があることで、ドラムブレーキはディスクブレーキに必要な油圧系統の倍力装置がいらないという利点を持っています。

　また、ドラムブレーキを後輪に用いる理由の1つに、パーキングブレーキ用として、ワイヤーでブレーキをかけられるという点があります。駐車中に油圧をかけ続けると、配管やピストンなどに常に圧力がかかり、オイル洩れなどの不具合を生じることがありますが、ワイヤー作動にすることでこの問題を防止できます。なお、リヤにディスクブレーキを装備するクルマでも、パーキングブレーキ専用のドラムブレーキを内蔵している車種があります（ドラムインディスクブレーキ：下図）。

第4章 「力」を操る【足回り編】

ドラムブレーキの構造

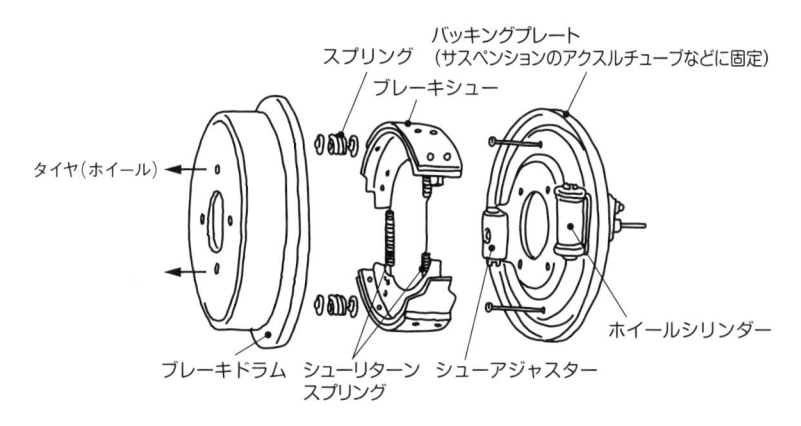

- スプリング
- ブレーキシュー
- バッキングプレート（サスペンションのアクスルチューブなどに固定）
- タイヤ（ホイール）
- ホイールシリンダー
- ブレーキドラム
- シューリターンスプリング
- シューアジャスター

ドラムブレーキの自己倍力効果

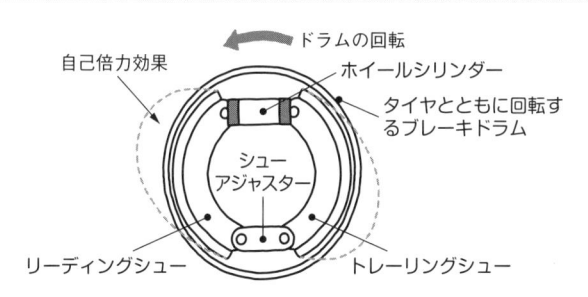

- 自己倍力効果
- ドラムの回転
- ホイールシリンダー
- タイヤとともに回転するブレーキドラム
- シューアジャスター
- リーディングシュー
- トレーリングシュー

ドラムの回転でより制動力が高まる側を「リーディングシュー」、他方を「トレーリングシュー」と呼ぶ。

ドラムインディスクブレーキの例

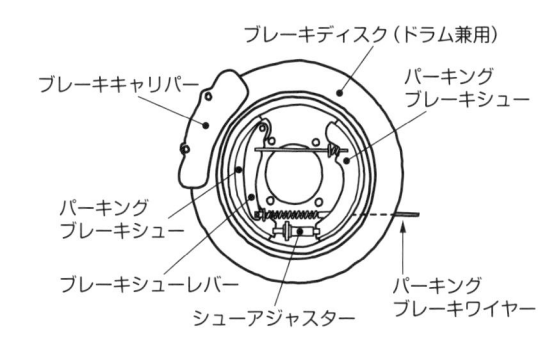

- ブレーキディスク（ドラム兼用）
- ブレーキキャリパー
- パーキングブレーキシュー
- パーキングブレーキシュー
- ブレーキシューレバー
- シューアジャスター
- パーキングブレーキワイヤー

リヤのディスクブレーキにパーキングブレーキ用としてドラムブレーキを内蔵している。ブレーキペダル操作時はディスクブレーキが作用し、パーキングレバーまたはパーキングブレーキペダルを操作するとワイヤーが引かれてドラムブレーキが作用する。

POINT
- ◎ドラムブレーキは、タイヤとともに回るブレーキドラムを、内部に設けられたブレーキシューを広げることによって摩擦し、制動する
- ◎ドラムブレーキは自己倍力効果を持ち、自ら制動力を高めている

4-5 ブレーキの油圧機構

ディスク、ドラムにかかわらず、フットブレーキは油圧の力で動いていますが、ドライバーがブレーキペダルを踏み込むことで油圧はどのように発生して、どんな経路で伝わっていくのですか？

　ドライバーがブレーキペダルを踏み込むと、「制動倍力装置」（次項参照）を介して「マスターシリンダー」のピストンが押され、ここでブレーキオイルが加圧されます。オイルの圧力は、ボディの下側に取り付けられているブレーキパイプやホースを通じて、4つのホイールのブレーキ本体へと伝わります（上図）。

▌安全のため油圧系統は2つに分けられている

　ブレーキオイルを加圧するピストンは、一般に中図のようにプライマリーピストンとセカンダリーピストンがスプリングを介してつながった「タンデムマスターシリンダー」内に装備されています。これは、ブレーキ配管やピストンなどからオイル洩れが起きても、クルマの安全をある程度確保できるようにと考えられた装備で、フロントとリヤ、右フロントと左リヤ＆左フロントと右リヤといったように、ブレーキ配管は2つの系統に分けられています。

　油圧系統にトラブルがない場合は、ペダルを踏み込むと両ピストンが同時に加圧を始めます。どちらかの系統にオイル洩れなどが発生している場合は、プライマリー側が直接セカンダリーを押すか、セカンダリー側が先に前進してシリンダーのボディに突き当たってからプライマリーで加圧するように働き、洩れていない側の系統がブレーキを効かすようになっています。なおこの際、ドライバーにはペダルの踏み込み量が増加することで、異常が伝わるようになっています。

▌オイルシールやカップ、ブーツは定期的に交換が必要

　油圧系統の中で距離のある箇所には金属製の配管が用いられ、サスペンションやステアリングの作動に伴って動かされる部分には、何層にも補強されたブレーキホースが使用されています。

　ディスクブレーキのピストン部の構造は166頁で説明しましたが、ドラムブレーキの「ホイールシリンダー」は下図のような構造をしており、オイルが加圧されると左右のピストンが押し出されて、ブレーキシューを拡張します。ピストンは金属製ですが、「ピストンカップ」はゴム製で、摩耗や劣化するので、一定期間ごとに交換が必要です。なお、図の「ブリーダープラグ」は、オイル交換などの整備作業時にオイルに混じってしまったエアを抜くときに利用します。

第4章 「力」を操る【足回り編】

ブレーキシステムの例（ディスクブレーキ）

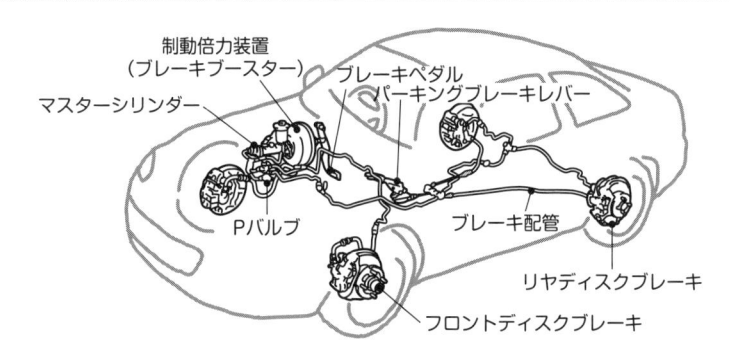

- 制動倍力装置（ブレーキブースター）
- マスターシリンダー
- ブレーキペダル
- パーキングブレーキレバー
- Pバルブ
- ブレーキ配管
- リヤディスクブレーキ
- フロントディスクブレーキ

タンデムマスターシリンダーの構造

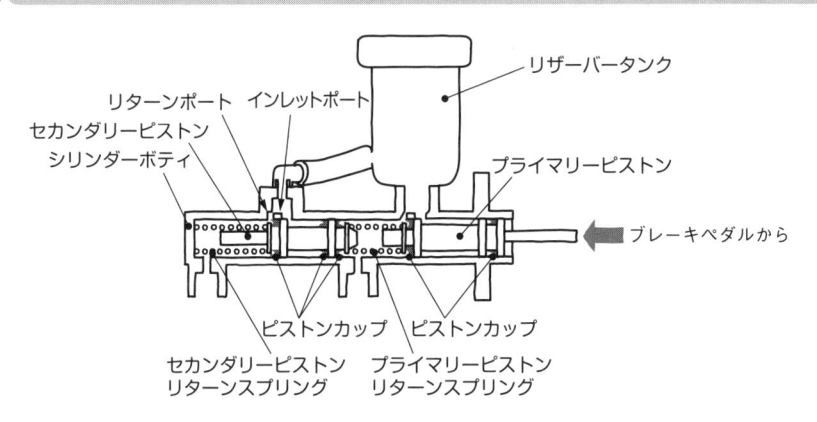

- リターンポート
- インレットポート
- セカンダリーピストン
- シリンダーボティ
- リザーバータンク
- プライマリーピストン
- ブレーキペダルから
- ピストンカップ
- ピストンカップ
- セカンダリーピストンリターンスプリング
- プライマリーピストンリターンスプリング

ホイールシリンダーの構造

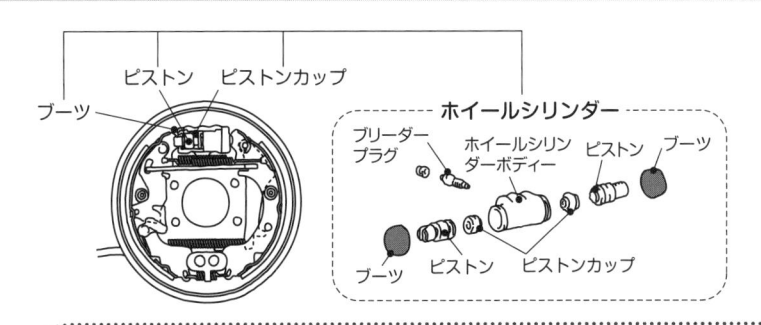

- ブーツ
- ピストン
- ピストンカップ

ホイールシリンダー
- ブリーダープラグ
- ホイールシリンダーボディー
- ピストン
- ブーツ
- ブーツ
- ピストン
- ピストンカップ

POINT
◎ブレーキ配管は安全のため前後などの2系統に分けられている
◎タンデムマスターシリンダーのピストンは、どちらかの配管に異常が発生した場合、問題のない系統のオイルを加圧できるようになっている

4-6 制動倍力装置の工夫

ドラムブレーキには"自己倍力効果"があって、ペダルを軽く踏むだけでもブレーキが効きますが、ディスクブレーキも意識してペダルを強く踏み込まなくても充分に制動力が働きます。これはなぜですか？

ブレーキペダルを踏み込む力を"ブレーキ踏力"と呼びますが、少ない踏力で大きな油圧を発生させるために、ペダルにはテコの原理が応用されています。また、ペダルの動きを機械的に補助する「制動倍力装置（ブレーキブースター、マスターバック）」を用いてブレーキの操作力を軽減しています。

■負圧と大気圧の圧力差を利用して高い油圧を発生

上図は、一般的な乗用車に用いられている制動倍力装置で、マスターバックと呼ばれているタイプのものです。マスターバックは、ブレーキペダルとマスターシリンダーの間に取り付けられていて、ドライバーのペダル操作に連動して働くようになっています。ブレーキ油圧を高めるための力の元は、エンジンのインテークマニホールドで発生する負圧（バキューム）です。内部に大型のピストン（パワーピストン）が見えますが、作動時はピストンを挟んだ左右の空間を負圧と大気圧にすることで、圧力差によってピストンを動かします。

■ペダルを止めるとその状態で油圧を保持する

マスターバックの動きは、ドライバーのペダル操作に連動する「バルブプランジャー」と「ポペット」の細かい動きで制御されています（下図）。

① ブレーキペダルを踏まない状態では、パワーピストンはリターンスプリングの力で図の右方向に押し戻されています。プランジャーとポペットが密着することで大気圧を導く「エアバルブ」は閉じ、ポペットとパワーピストンで作る「バキュームバルブ」が開いているため左右の室はともに負圧状態になっています。

② ブレーキペダルを踏み込むと、その動きは「オペレーティングロッド」に伝わり、先にあるプランジャーを図の左に動かします。プランジャーが左に進むとポペットはスプリングの力で伸びてバキュームバルブを閉じます。それと同時にプランジャーとポペットが離れることでエアバルブが開き、大気が右室に流れ込みパワーピストンの左右に圧力差が生まれてブレーキ力を高めます。

③ ここでペダルを止めると、パワーピストンは一瞬左に動きますが、すぐにプランジャーとポペットが接触してエアバルブが閉じ、圧力がつり合った状態になってパワーピストンが停止し、制動力はこの状態で保持されます。

第4章 「力」を操る【足回り編】

制動倍力装置の構造例

左室にはエンジンのインテークマニホールドに発生する負圧が導かれていて、右室にはブレーキペダルを踏むと大気が流れ込むようになっている。パワーピストンを挟んだ負圧と大気圧の圧力差がペダル踏力を高め、軽い力で大きな制動力が得られる。

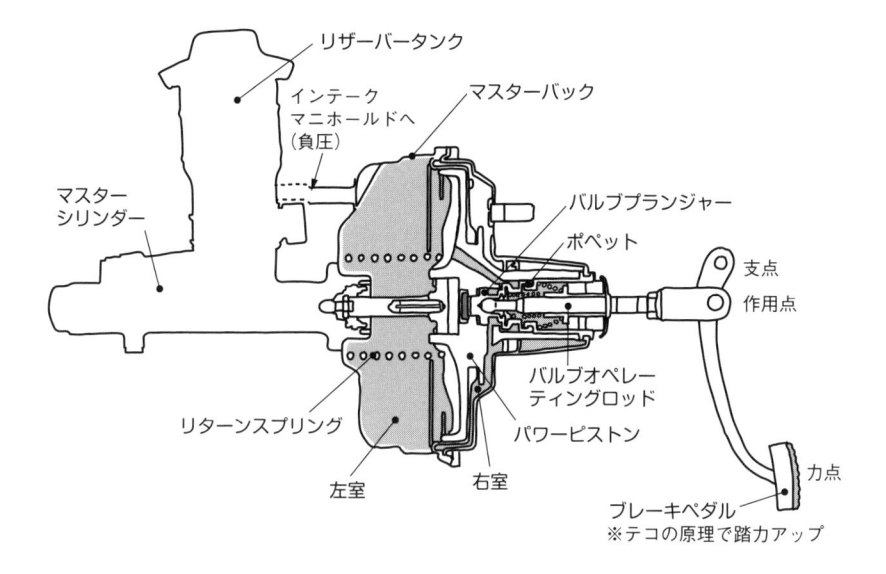

（図：制動倍力装置の構造）
- リザーバータンク
- インテークマニホールドへ（負圧）
- マスターバック
- マスターシリンダー
- バルブプランジャー
- ポペット
- 支点
- 作用点
- バルブオペレーティングロッド
- リターンスプリング
- パワーピストン
- 左室
- 右室
- ブレーキペダル
- 力点
- ※テコの原理で踏力アップ

マスターバックの作動

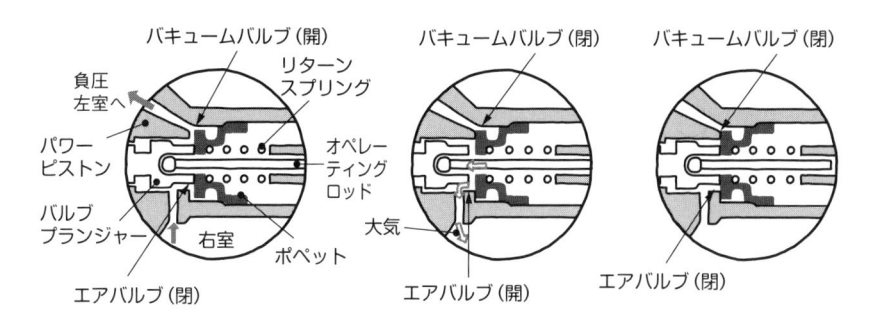

（図：3つの状態）
- ①ペダルを踏んでいない状態：バキュームバルブ（開）、エアバルブ（閉）、負圧左室へ、パワーピストン、バルブプランジャー、リターンスプリング、オペレーティングロッド、ポペット、右室
- ②ペダルを踏み込んでいる状態：バキュームバルブ（閉）、エアバルブ（開）、大気
- ③ペダルを止めた状態：バキュームバルブ（閉）、エアバルブ（閉）

POINT
- ◎ブレーキペダルはテコの原理を利用している
- ◎ペダルとマスターシリンダーの間には負圧と大気圧の圧力差を利用した制動倍力装置が設けられている

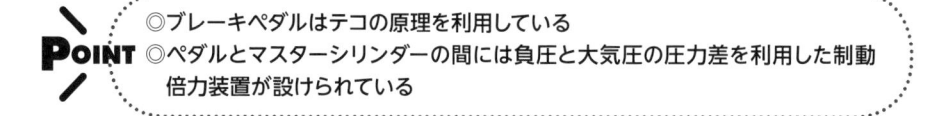

4-7 アンチロックブレーキシステム（ABS）の概要

このところ、軽の標準車種にも最初から装備されることが増えた「アンチロックブレーキシステム（ABS）」ですが、これはどのようなしくみで、どんな働きをするのですか？

フットブレーキの性能が向上して制動倍力装置が備えられていても、クルマが実際に制動力を発揮するためには、タイヤが回り続けている必要があります。というのは、雨や雪、氷などが表面をおおっている道では、タイヤと路面の摩擦力が極端に低下して、ブレーキを踏むとすぐにタイヤがロックし、路面を滑走してしまうからで、こうなるとどんなにブレーキ性能が優れていても止まることができません。

■ **タイヤがロックするとハンドル操作が効かない**

上図は、滑りやすい路面でのABS装着車と非装着車の挙動の違いを表していて、ブレーキペダルを踏むと同時に、ハンドル操作によって障害物を避けられるかどうかを示しています。上のABSなしの車両では、ブレーキをかけると同時にタイヤがロックして滑走し始め、ハンドルを操作してもクルマの向きが変わらずに障害物を突き飛ばしてやっと停車していますが、下のABSありの車両では、タイヤはロックせずに方向転換を行うことができています。

このようにABSを装備することで、滑りやすい路面でのブレーキングでもタイヤはロックしなくなり、制動距離が短くなるだけでなく、ステアリング操作も有効に行うことができます。

■ **車輪速センサーの信号からタイヤのロックを判断し油圧を下げる**

ブレーキにかかる油圧は、ドライバーがブレーキペダルを踏む力（踏力）によってコントロールされていますが、タイヤがロックしそうな状況に陥っても、落ち着いて"ポンピングブレーキ（ペダルを徐々に踏み込み、滑り始めたら緩め、また踏み込むという動作を繰り返してロックを防ぐ）"を行えるドライバーは多くありません。そこでABSでは、配管内にもう1つピストンとシリンダーを設けておき、必要に応じてピストンを後退させてシリンダーの空間を広げ"減圧室"として利用し、タイヤのロックが収まった時点でピストンを前進させることを繰り返して、自動的にポンピングブレーキの状態を作り出しています（下図）。

このようにABSでは、各タイヤ（ホイール）に設けられた車輪速センサーから送られてくる信号をコントロールユニットで分析・判断してアクチュエーターに信号を送り、減圧室のピストンを作動させているのです。

第4章 「力」を操る【足回り編】

ABSの有無によるクルマの挙動

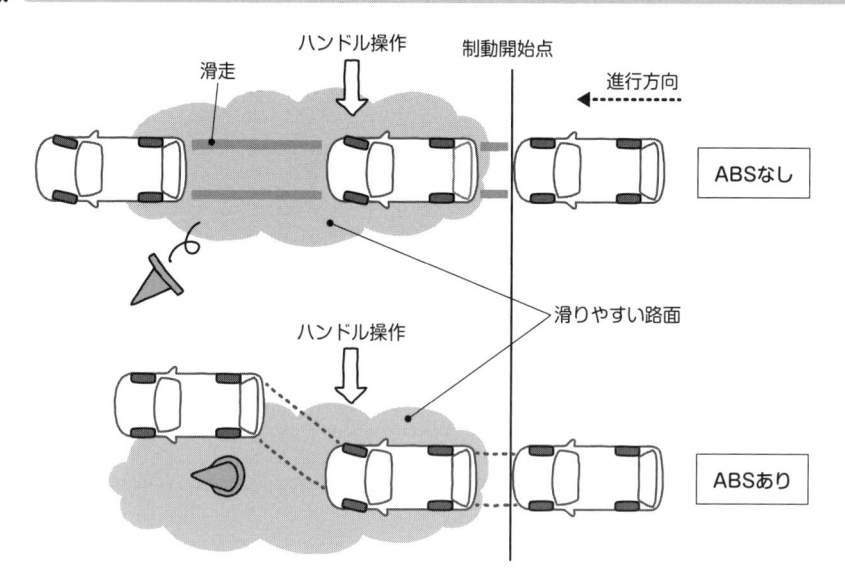

ABSの作動原理

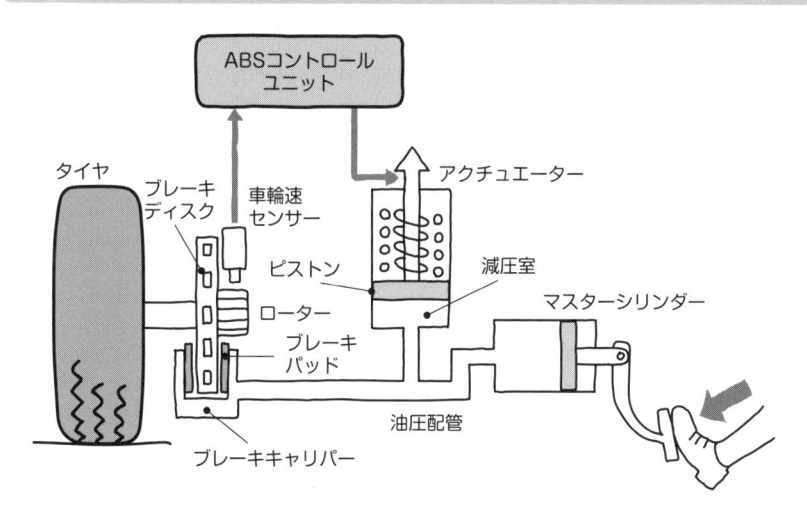

> **POINT**
> ◎滑りやすい路面でタイヤをロックさせないためにはポンピングブレーキが有効
> ◎ABSは車輪速センサーからの信号をコントロールユニットで判断し、自動的にポンピングブレーキの状態を作り出している

COLUMN 4

きちんと考えたいA/T車の
急発進事故

　このところ、A/T車の急発進事故の話題がたびたび新聞やテレビを騒がせていますが、事故の原因として「ペダルを踏み間違えた」「シフトレバーの位置がDではなくRになっていた」などの人的要因が挙げられることが多いようです。
　そこで、A/T車が急発進する状況をクルマの構造から考えてみると、
①エンジンがかかっている
②フットブレーキやサイドブレーキが解除されている（ただし、サイドブレーキの効きが弱かったり、エンジンパワーが大きいクルマではサイドブレーキの効果が足りない場合がある）
③A/Tが"D"や"R"などの走行レンジにシフトされている
といった条件がそろったところで、
④瞬間的にアクセルペダルを大きく踏み込む
という行為が重なる必要があります。
　このように見てみると、クルマが機械的、電気的に故障していなければ、「瞬間的にアクセルペダルを大きく踏み込む」という操作が加わらない限り、クルマが急発進することは考えにくいはずです。
　クルマの動力性能はますます高くなり、馬力規制が解除されて以降、非現実的なパワーや最高速度を誇るモデルが増えています。流行のハイブリッド車でもエンジンとモーターの出力を合算すれば相当なハイパワーになる例もあり、落ち着いたセダンやファミリーカー風の外観を持つモデルでも、扱い方を誤れば凶暴な鉄の野獣になることをすべてのドライバーが自覚する必要があります。
　とはいえ、"人的ミス"を完全に払拭することは難しく、さらに高齢化が進む日本でドライバーに注意を促すだけでは限界があるはずです。クルマがこれだけ電子制御化されている今日、一瞬の間にアクセルペダルが強く踏み込まれても、エンジン回転が急激に上昇しないような「安全策」が講じられるといいのですが。

第5章

安全を
バックアップする
【セイフティー編】

The chapter of safety

1. 安全運転をサポートするシステム

1-1 照明装置の進化

このところ、白色で非常に明るいヘッドランプやLED球をブレーキランプやウィンカーに用いたクルマが増えましたが、クルマの照明装置はどのように変化してきているのですか？

クルマにはヘッドランプの他に、テールランプ、ブレーキランプ、左右のウィンカーランプ、クリアランスランプ（車幅灯）、リバースランプといった多くの灯火類が備えられています。これらの灯火類には、従来フィラメントを発熱・発光させる電球タイプが使用されてきましたが、ブレーキランプやウィンカーランプ、クリアランスランプなどにはLEDを使用する車種が急速に増えました。

■ヘッドランプはクルマのデザインに合わせて変化

クルマのデザインが個性的になり、ヘッドランプの形状も丸や四角といった既製のものではマッチしにくくなりました。現在は成型しやすい樹脂製のレンズで複雑な形を持ち、電球だけを交換できる「セミシールド型ヘッドランプ」（上・左図）が大半です。また、ヘッドランプ用の電球は、内部にハロゲンガスが封入された「ハロゲンランプ」が主流です。ハロゲンガスは発光部（フィラメント）に用いられるタングステンが高温で蒸発しても、もう一度フィラメントに戻す働きを持っているため、一般の電球よりも寿命が長く、明るさが変化しにくいのが特徴です。

ヘッドランプは、遠くを照らすための「ハイビーム」と通常走行時に使用する「ロービーム」の切り替えが必要ですが、樹脂レンズのカットを利用した切り替えだけでは、上方への光の洩れなど配光が調整しにくい場合がありました。そこで、凸レンズや反射板を内蔵し、照射方向をコントロールできる「プロジェクター式」が登場しました（上・右図）。

■より明るく、長寿命・省電力に

"より明るく"という要求から登場したのが「ディスチャージヘッドランプ」（中図）です。これは通常のフィラメントによる発光ではなく、発光管内部に封入した"キセノンガス・水銀・金属ヨウ化物"に高電圧を加え、電子を衝突させて"光エネルギー"を生み出す方式で、非常に明るく白色の光を放つことが特徴です。

また、長寿命・省電力といった社会の要請に合わせて、「LED」をヘッドランプに利用する車種も出てきています。LEDは消費電力が少なく、寿命が長いことが大きな特徴です。ヘッドランプに利用する場合は、配光や発熱といった問題もありますが、今後改良が進むにつれLEDヘッドランプが普及することでしょう（下図）。

第5章 安全をバックアップする【セイフティー編】

セミシールド型ヘッドランプ

プロジェクターヘッドランプ

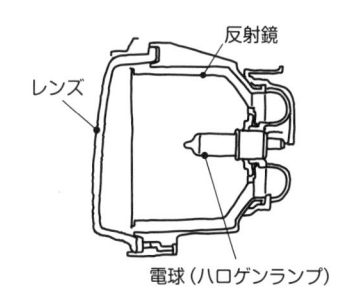

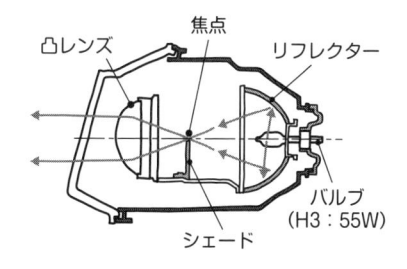

ディスチャージヘッドランプの構造と作動原理

高電圧により水銀が蒸発してアーク放電し、その後金属原子などが放電、発光する。

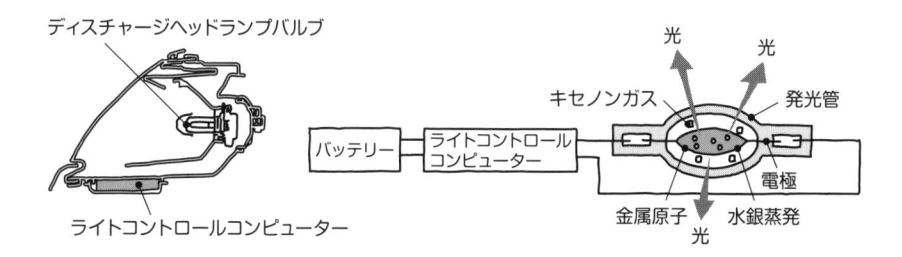

LEDヘッドランプの構造

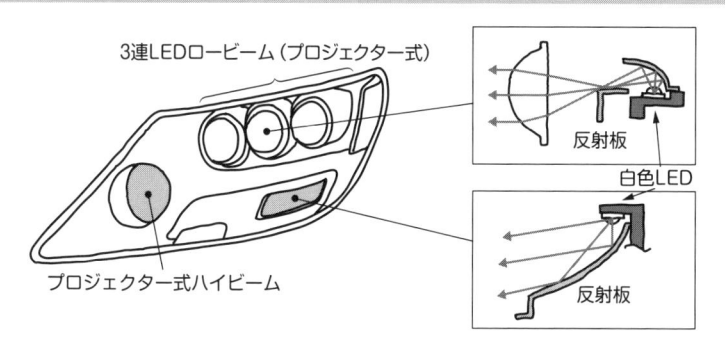

POINT
- ◎クルマの灯火類に求められる性能は明るさ、長寿命・省電力
- ◎現在ヘッドランプに使用される電球はハロゲンランプが主流だが、今後LEDランプの改良が進めば、クルマにもLEDの時代が来る可能性が高い

1-2 ソナー、レーダー&カメラの利用

このところ、ぶつからないクルマや運転支援をしてくれるクルマが登場していますが、これらにはソナーやレーダー、カメラが利用されています。いったいどのように使われているのですか？

エンジンやドライブトレーン、サスペンション、ブレーキといった走るために必要な部分にセンサーやコンピューターが本格的に使われ出したのは、1980年代ぐらいからです。そして21世紀に入った現在、「ソナー」「レーダー」や「カメラ」をドライバーの目を補助するセンサーとして利用し、コンピューターでデータ分析することで、より安全で楽に運転できるようにする技術が大きく進化しています。

▌ドライバーの視覚を補助するセンサー

ソナーは音波探知機とも呼ばれるもので、本体から超音波を発射し物体からの反射によって距離や方位を探知します。クルマではリヤバンパーに取り付けられ、後退時の見えにくい障害物を検知してブザーや音でドライバーに知らせる運転支援用として利用されています（上図）。

レーダー（ミリ波レーダー）は、100m程度の範囲にある物体までの距離や方位、相対速度などが検知でき、渋滞やオートクルーズ時の車間距離の維持、走行中の危険回避、自動ブレーキの操作など、より広い範囲でドライバーをサポートするシステムに利用されています。

▌カーナビの普及で装着車が増えた車載カメラ

一方車載カメラは、クルマの後ろや周囲の映像を映し出して車庫入れのサポートを行ったり、タクシーなどが走行中の様子を一定時間記憶できる「ドライブレコーダー」に利用されています。カメラで撮った映像を見るには、当然モニターが必要なのですが、普及著しいカーナビをモニターとして利用し、携帯電話やパソコンに装備されるようになり高性能・安価になった超小型のカメラを使用することで、メーカー純正だけでなく、後付けとして装着するクルマが増えてきています。

これら"視覚センサー"の性能が向上し、普及しだしたことで、自動運転や運転支援システムも現実のものになりつつあります。すでにオートクルーズ時のアクセル操作が不要、低速時の自動ブレーキ化、車庫入れ・縦列駐車をクルマ自身が行うなどのシステムを搭載したモデルが市販されています。しかし、これらのシステム搭載車も、まだまだ完全な"ロボットカー"というわけではなく、あくまでもドライバーの補助をしているだけということを忘れてはなりません（中図、下図）。

第5章 安全をバックアップする【セイフティー編】

バックソナーの働き

バックの際、障害物に近づくと距離に応じて警告音が変化する。

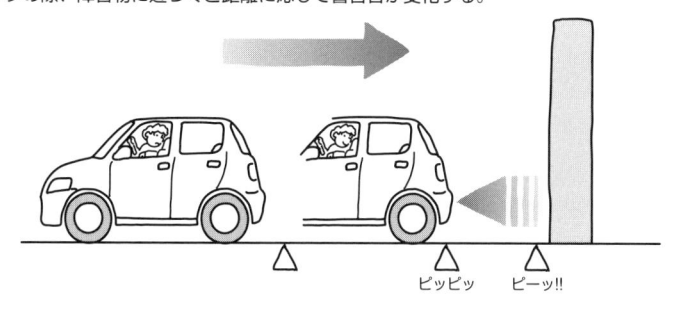

ピッピッ　ピーッ!!

パーキングアシストシステムの例

縦列駐車、車庫入れともに、①②で決められた位置にドライバーがクルマをセットしシフトレバーを切り替えると、車載カメラなどで位置を確認しながらクルマ自身が停車位置に導くようにハンドル操作を行う。

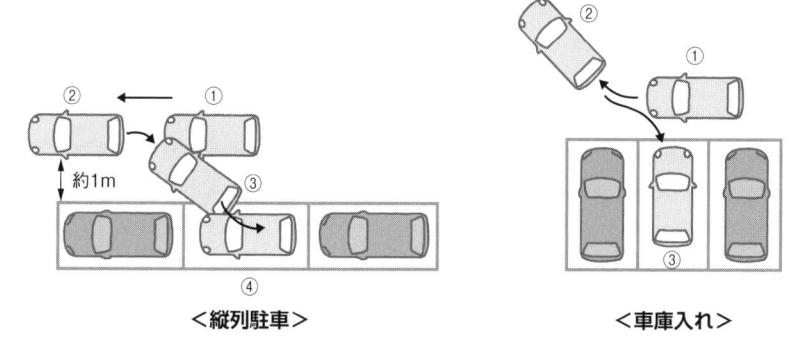

約1m

＜縦列駐車＞　　　　　　　　　　　　　　＜車庫入れ＞

自動ブレーキの作動例

③障害物の直前で緊急停止　　②さらに障害物が近づくと警告音が変化するとともブレーキを作動　　①障害物が近づくと警戒音で知らせる

※自動ブレーキには設定された速度以下であることなどの条件があります

POINT

◎ソナーは搭載したクルマからある物体までの距離や方向が検知でき、レーダーはより離れた物体との相対距離の検知にも利用されるが、あくまでもドライバーを補助する装備であることを忘れてはならない

1-3 トラクション&スタビリティコントロールシステム

雨や雪で滑りやすくなった道での制動に効果があるのはアンチロックブレーキシステム(ABS)ですが、発進やコーナリング時にも効果を発揮するシステムはあるのですか?

雨や雪のために滑りやすくなった路面で、自動的に"ポンピングブレーキ"で制動距離の伸びを抑えてくれるアンチロックブレーキシステムは、非常に頼もしい装備です(174頁参照)。しかし、雨や雪がクルマの運転に及ぼす影響は制動時だけではありません。タイヤの空転による不安定な発進動作やカーブでの横滑りなど、まだまだ多くの危険が潜んでいます。

■タイヤの空転を抑えて駆動力を生むトラクションコントロール

滑りやすい道での発進や加速では、タイヤの空転が原因でふらつきや蛇行、場合によっては発進不能といった状態に陥ることがあります。原因の1つは、ディファレンシャルの"差動作用"(120頁参照)で、左右の駆動輪が接地している路面の摩擦係数が大きく異なる場合、滑りやすい路面のタイヤが空転し、他方のタイヤの駆動力を奪ってしまうことがあるからです。

「トラクションコントロールシステム」では、クルマの速度と各タイヤの回転数などから、空転状態を判断し、空転しているタイヤにブレーキをかけて駆動力が失われた側のタイヤに駆動力を移す働きをします(上図)。また、「エンジンコントロールシステム」とリンクする車種では、必要に応じてエンジン出力を自動的に抑えて空転を防ぎ、クルマを安定させるなど適応範囲が広くなっています。

■コーナリング操作をアシストするスタビリティコントロール

滑りやすい路面に限らず、カーブを曲がる際にはクルマが切り込み過ぎたり(オーバーステア)、カーブの外側に膨らんだり(アンダーステア)と危険な状態に陥ることがあります。「スタビリティコントロールシステム」では、クルマに備えられた「ハンドル角」や「ヨー」(144頁参照)「加速度」などのセンサーからの情報を元に、クルマの状態を"制御コンピューター"が判断し、正常な旋回状態に復元するため、必要な位置にあるタイヤにブレーキをかけてクルマの姿勢を正そうと働きます。また、トラクションコントロールと同様、エンジン統合制御を行う車種では、エンジン出力もあわせてコントロールし、危険を回避するように働きます(中図、下図)。両者とも、普及率が高くなってきたアンチロックブレーキシステムを元にさらに発展させたものといえ、これらのシステムは密接に関係しています。

第5章 安全をバックアップする【セイフティー編】

トラクションコントロールの効果

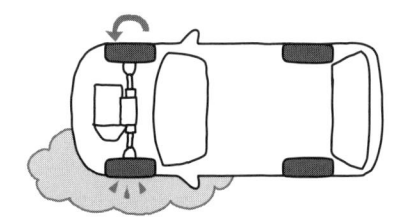

滑りやすい路面に乗ってしまったタイヤの空転をブレーキで抑えて、空転していないタイヤに駆動力を移し、発進を可能にしたり、クルマのふらつきを防止する。

スタビリティコントロールの効果

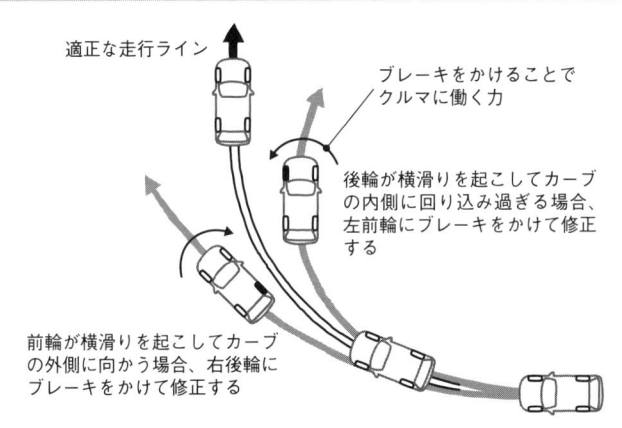

適正な走行ライン

ブレーキをかけることでクルマに働く力

後輪が横滑りを起こしてカーブの内側に回り込み過ぎる場合、左前輪にブレーキをかけて修正する

前輪が横滑りを起こしてカーブの外側に向かう場合、右後輪にブレーキをかけて修正する

スタビリティコントロールシステムの概要

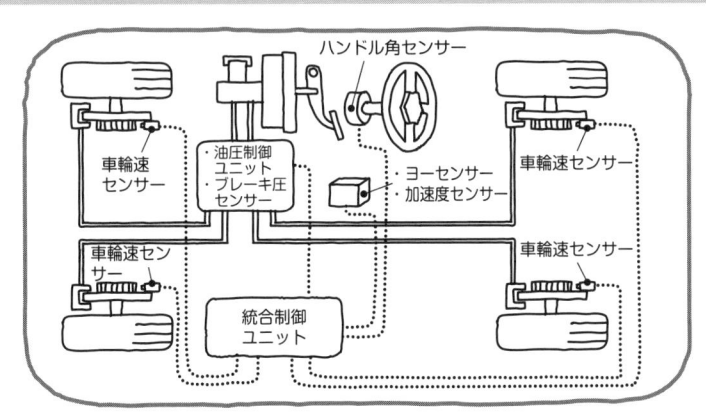

ハンドル角センサー
車輪速センサー
・油圧制御ユニット
・ブレーキ圧センサー
・ヨーセンサー
・加速度センサー
車輪速センサー
統合制御ユニット

POINT
◎トラクションコントロールはタイヤの空転を抑え、ふらつきを防止する
◎スタビリティコントロールは、旋回時のアンダーステアやオーバーステアを感知し、事故を起こす前に必要なタイヤにブレーキをかけてクルマの姿勢を正す

1-4 エアバッグとシートベルトの進化

事故の際に乗員を保護するエアバッグですが、最近は前席用だけでなく、いろいろなタイプがあるようです。また、シートベルトにも工夫がされているようですが、どのような働きをするのですか？

　日本でエアバッグが普及し始めたのは1990年代の半ば頃からでした。現在、新車で販売されているほぼすべての乗用車には、運転席・助手席用エアバッグが標準装備されています。

◼前面だけでなく側面からの衝突にも効果を発揮

　エアバッグは、事故の際の衝撃をクルマに備えられた加速度センサーで検知し、「エアバッグコントロールコンピューター」で衝撃の大きさを判断して、「ガス発生装置」に信号を送ることで作動します。エアバッグが展開し、乗員の頭部が当たってからガスが抜けてしぼみ、頭部に加わる衝撃を吸収するまでの時間は0.1秒そこそこだといわれています。まさに「まばたき」をする間に役目を果たしてしまうのがエアバッグといえます。

　最近はその種類が非常に多くなっていて、側面衝突時にサイドガラスやドアを覆って横からの衝撃を緩和する「カーテンエアバッグ」やシートの横から展開する「サイドエアバッグ」、前面衝突時に膝を守る「ニーエアバッグ」などがあります（上図）。

◼シートベルトの役割がより重要に

　エアバッグは正式には「SRSエアバッグ」と呼びます。SRSとは"Supplemental Restraint System"の略で、補助拘束装置を意味し、シートベルトのサポートとして働く装置であることを示しています。事故の際、シートベルトをしていなかったり、緩んだ状態では、エアバッグが正常に展開しても乗員がベルトの隙間から横にすり抜けて、効果が正しく発揮できなかったり、逆にシートベルトの拘束力が大きすぎるために、胸部にダメージを与えるといったこともあります。

　「シートベルトプリテンショナー」は、衝突直後に自動的にベルトを巻き上げ、乗員の拘束力を高めて身体のすり抜けを抑制します。また、「シートベルトフォースリミッター」は、ベルトに大きな荷重が加わった際に、拘束力を緩めて乗員の胸部を保護するように働きます（下図）。

　またシートベルトは、現在開発されている脇見や居眠り防止用のシステムでも、ベルトの拘束力を変化させることでドライバーに危険を知らせるといった役割を果たしています。

第5章 安全をバックアップする【セイフティー編】

エアバッグの種類と作動原理

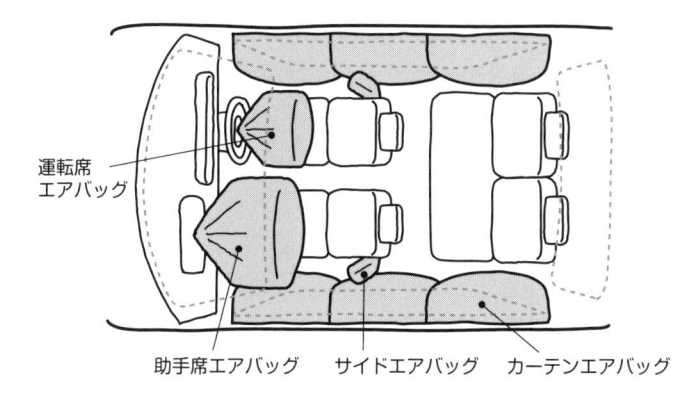

運転席エアバッグ
助手席エアバッグ　サイドエアバッグ　カーテンエアバッグ

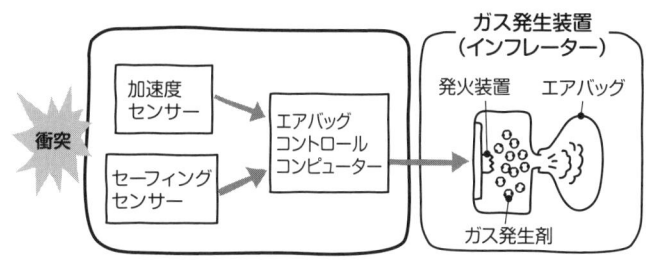

衝突 → 加速度センサー／セーフィングセンサー → エアバッグコントロールコンピューター → ガス発生装置（インフレーター）：発火装置、ガス発生剤、エアバッグ

プリテンショナーとフォースリミッターの効果

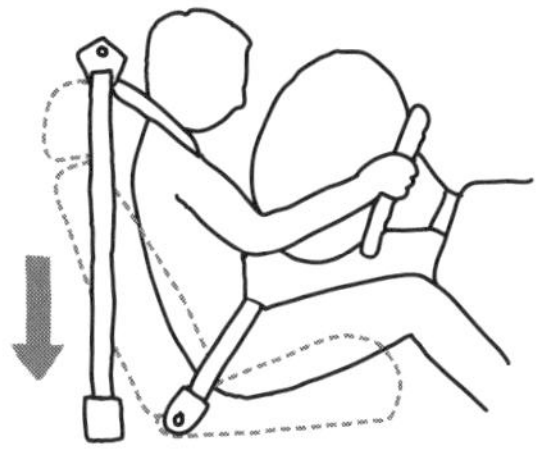

①プリテンショナー

衝突時の減速度をセンサーが感知し、瞬時にシートベルトの拘束力を高めて、ドライバーがベルトの隙間からすり抜けないようにする

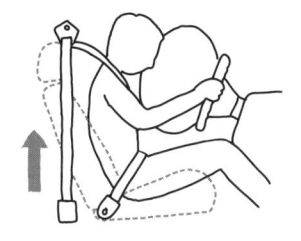

②フォースリミッター

衝突時にドライバーがシートベルトによって胸部にダメージを受けないように、締めつけ力を軽減する

POINT
◎シートベルトのプリテンショナーとフォースリミッターは、事故時に乗員がベルトの隙間からすり抜けるのを防止するとともに、ベルトによってダメージが加わるのを防いでいる

185

COLUMN 5

何となくわかる若者の
クルマ離れ

　「若者のクルマ離れ」が話題に上るようになって、すでに何年も経ちます。その原因については、"不安定な収入""ライフスタイルの変化""インターネットの発達"など、さまざまに語られていますが、ここではクルマ側の事情について少し考えてみます。

　保有台数が大きく伸びた1980～90年代頃には、若者をターゲットにした数多くのモデルが販売されていました。1000～1300ccクラスのファミリーカーをベースに作られたスポーツタイプには魅力的な車種がたくさんあり、これらのモデルは新車で70万円程度から販売されていました。

　当時は、大卒の初任給が12～15万円前後でしたが、今と違い正規雇用が大半でしたから、20代前半の若者でもローンを組みボーナスをあてにして、何とか手に入れることができたのだと思います。若者にとってそれらのクルマを所有し、自分で手をかけて走らせることは、自らを表現できる趣味の1つになっていました。

　現在、大卒の初任給は20万円に達していますが、クルマの価格もその分上昇し、前述と同クラスでは120万円程度になっています。ただし、走行性能は別にして、快適性や経済性などの性能は格段に向上していますから、単純にクルマの価格が上がったとはいえません。ただ、向上した性能が若い人たちにとって本当に必要なものなのかについては少し疑問もあります。クルマを単に移動の手段と考える人が増えた現在、装備がどれだけ豪華になったとしても、諸経費を含めた負担を考えれば、公共交通機関やレンタカーで充分という気持ちになるのも当然です。

　クルマが好きでドレスアップしたり、エンジンに手をかけたりすることに興味を持つ若者が少なくなったことに寂しさを感じる半面、ほとんど自分でいじることのできなくなった現在のクルマと社会環境では、若者が興味を持てないのも致し方ないのではと思ってしまいます。

索引 (五十音順)

あ 行

アイドリングストップ ……………… 80
アッカーマン・ジャントゥ式
　……………………… 118, 152, 154
圧縮 ……………………… 26, 36, 38
圧縮比 ………………………………… 34
アッパーアーム …………………… 130
アンチロックブレーキシステム(ABS)
　…………………………………… 174
イグニッションコイル ……………… 68
イグニッションシステム …………… 68
引火点 ………………………………… 44
インクルーデッドアングル ……… 148
インジェクションノズル …………… 72
インテークマニホールド …………… 48
インヒビタースイッチ …………… 108
ウォータージャケット ……………… 62
ウォーターポンプ …………………… 62
エアクリーナー ……………………… 48
エアスプリング …………………… 136
エアバッグ ………………………… 184
エアフローメーター …………… 48, 50
エキゾーストマニホールド ………… 56
エンジン搭載位置と駆動輪 ………… 16
エンジンブレーキ ………………… 162
オイルギャラリー …………………… 60
オイルストレーナー ………………… 60
オイルパン …………………………… 60
オイルフィルター …………………… 60
オイルポンプ ………………………… 60
オイルリング ………………………… 30
往復運動 ……………………………… 32
オートマチックトランスミッション …… 96
オートマチックフルード(A/Tオイル)
　……………………………………… 96
オーバードライブ機構 …………… 108
オクタン価 …………………………… 44
オリフィス ………………………… 140
オリフィスバルブ ………………… 140
オルタネーター(交流発電機) ……… 66

か 行

回転運動 ……………………………… 32
カウンターシャフト …………… 92, 94
ガス封入式ショックアブソーバー …… 140
ガソリン ………………………… 44, 72
ガソリンエンジン …………………… 24
可変バルブタイミング機構 ………… 42
可変バルブタイミング・リフト機構 …… 42
カム …………………………………… 36
カムシャフト ………………… 30, 38, 40
カムプロフィール …………………… 42
カムリフト量 ………………………… 42
カルマン渦式 ………………………… 50
キーインターロック機構 ………… 108
気筒数 ………………………………… 28
希薄燃焼 ………………………… 54, 72
キャスター ………………………… 150
キャビン ……………………………… 14
キャブレター(気化器) ……………… 46
キャリア …………………………… 104
キャンバー ………………………… 148
吸気装置 ……………………………… 48
吸気バルブ ……………………… 34, 40
吸入 ……………………………… 26, 36, 38
キングピン ………………………… 148
キングピン角 ……………………… 148
クサビ型 ……………………………… 34
クラッシャブルゾーン ………… 12, 14
クラッチ ………………………… 84, 86
クラッチシャフト ……………… 92, 94

187

クラッチディスク	86	常時噛み合い式	92
クランクシャフト	32	ショートストローク	29
クリープ現象	96	触媒コンバーター	56
軽自動車	18	ショックアブソーバー	130, 138, 140
軽油	44, 72	シリーズ・パラレル方式	76
減衰力可変式ショックアブソーバー	140	シリーズ方式	76
減速エネルギー回生機構	66	シリンダー	24, 26
減速作用	88, 90	シリンダー配列	28
コイルスプリング	130, 134, 138	シリンダーブロック	30
コーナリングフォース	152	シリンダーヘッド	30
小型車	18	シリンダー容積	34
固定キャリパー	166	シリンダーライナー	30
コモンレール燃料噴射システム	74	進角機構	68
コラプシブル機構	154	シンクロメッシュ機構(同期装置)	94
混合気	26, 46	水平対向エンジン	28
コントロールバルブ	158	水冷式	62
コンプレッサー	58	スーパーチャージャー	58
コンプレッションリング	30	スクエア	29
コンロッド	32	スクワット	144
		スターターモーター	64
さ 行		スタビライザー	136
サーモスタット	62	スタビリティコントロール	182
サイドギヤ	118	スタンバイ式	124
サスペンション	10, 128, 130	ステアリング機構	10, 154
サスペンション用スプリング	134	ステアリングギヤ機構	154, 156
差動作用	116, 118	ステアリングシャフト	154
差動制限ディファレンシャル	120	ステアリングホイール	154
差動装置	116	ステーター	98, 100, 102
サンギヤ	104	ストラット	130
残留エネルギー	100, 102	ストローク	26, 29
シートベルトフォースリミッター	184	スパークプラグ	34, 68
シートベルトプリテンショナー	184	スリーブ	92, 94
自己倍力効果	168	スリーブヨーク	122
始動装置	64	スロットルバルブ	48
自動ブレーキ	181	スロットルボディ	48
シフトロック機構	108	制動装置	162
車軸懸架(リジット)式	128	制動倍力装置	170, 172
充電装置	64, 66	整流器	66
出力	20	セミシールド型ヘッドランプ	178
潤滑装置	60	セミトレーリング式	132

索 引

全高	18
センターデフ	124
全長	18
全幅	18
総排気量	18, 28

た 行

タービン	58
タービンランナー	98, 100, 102
ターボチャージャー	58
ターボラグ	58
タイミングチェーン	38
タイミングベルト	38
タイヤ	142
ダイヤフラムスプリング	86
ダイレクト点火装置	70
多球型	34
多板クラッチ	86
ダブルウィッシュボーン	130, 132
断続機構	68
タンデムマスターシリンダー	170
ダンパー	140
直列エンジン	28
ディーゼルエンジン	24, 72
ディスクブレーキ	162, 164, 166
ディスチャージヘッドランプ	178
ディストリビューター	68, 70
ディファレンシャル	10, 84, 116, 118
デフケース	118
デフピニオン	118
デュアルクラッチトランスミッション	114
点火装置	64, 68, 70
電気装置	64
電子制御A/T	108
電子制御点火システム	70
電子制御燃料噴射装置	48
電動パワーステアリング	160
等速ジョイント	122
筒内直接噴射方式	54
動力伝達機構	10, 84
トーイン	150
トーションバースプリング	136
トーションビーム式	132
独立懸架(インディペンデント)式	128
ドライブシャフト	10, 84, 118, 122
ドライブトレーン	10, 84
ドライブピニオン	116
トラクションコントロール	182
ドラムインディスクブレーキ	168
ドラムブレーキ	162, 168
トランク	14
トランジスタ点火装置	70
トランスファー	84, 124
トランスミッション	10, 84, 90
トルク	20
トルクアップ効果	102
トルクコンバーター	84, 96, 98, 100, 102, 104
トルク変換作用	98, 100
トルク変換能力	104
トレーリングアーム式	132
トレッド	18, 142

な 行

ナックルアーム	152
尿素SCR	74
ネガティブ(マイナス)キャンバー	148
燃焼	26, 36, 38
燃焼室	26, 30, 34
燃焼室容積	34
ノーズダイブ	144
ノッキング	44
ノンスリップデフ	120

は 行

パーキングアシストシステム	181
パーキングブレーキ	162
パートタイム方式	124
排気	26, 36, 38

排気ガス	56	……	46, 48, 50, 52, 54
排気装置	56	フューエルインジェクター	52, 54
排気バルブ	34, 40	フューエルデリバリーパイプ	52
排気量	18, 28	フューエルポンプ	52
配電機構	68	プラグインハイブリッド	76, 78
ハイブリッドシステム	76	プラネタリーギヤ	96, 104
バウンシング	144	プラネタリーピニオン	104
爆発	36, 38	フルタイム方式	124
バックソナー	181	フルトレーリング式	132
バッテリー	64	ブレーキ	10, 162
パラレル方式	76	ブレーキキャリパー	164
バランスウエイト	32	ブレーキシュー	168
バルブ	30, 36	ブレーキディスク	164, 166
バルブオーバーラップ	38	ブレーキドラム	168
バルブ開閉機構	36	ブレーキパッド	164, 166
バルブシート	36	ブレーキブースター	172
バルブシステム	30, 36, 40	フレーム	12
バルブスプリング	36	プレッシャーリング	120
バルブタイミングダイヤグラム	38	プレッシャーレギュレーター	52
バルブの複数(マルチバルブ)化	40	プロジェクター式	178
バルブフェース	36	プロペラシャフト	10, 84, 116, 122, 124
バルブプランジャー	172	ベアリング	60
ビスカスカップリング	124	ペーパーロック	166
ピストン	24, 26, 32	変速	88
ピストンシール	164	変速比	89, 90
ピストンリング	30	ベンチレーテッドディスク	166
非線径スプリング	134	ペントルーフ型	34
ピッチング	144	扁平率	142
ピニオン	104	ボア	29
ピニオンギヤ	118, 156	ホイール	142
ピニオンシャフト	118, 120	ホイールアライメント(タイヤの整列)	
ファイナルギヤ(終減速装置)	116		146
フェード現象	164, 166	ホイールシリンダー	168, 170
副変速装置	96, 104, 106	ホイールベース	18
普通車	18	ポイント(ブレーカー)	68
フックジョイント	122	ボールジョイント	156
プッシュロッド	40	ボールナット式	156
浮動キャリパー	166	ポジティブ(プラス)キャンバー	148
不等ピッチスプリング	134	ボックス形状	14
フューエルインジェクション		ホットワイヤー式	50

索引

ボディ ……………………………… 12
ボディサイズ ……………………… 18
ポペット …………………………… 172
ポンピングブレーキ ……………… 174
ポンプインペラー ……… 98, 100, 102

ま 行

マスターシリンダー ……………… 170
マスターバック …………………… 172
マニュアルトランスミッション …… 92
マフラー(消音器) …………………… 56
マルチリンク式 …………… 130, 132
メインシャフト ……………… 92, 94
メジャリングプレート式 ………… 50
モノコックボディ ………………… 12

や 行

油圧式パワーステアリング ……… 158
遊星歯車 …………………………… 96
ヨーイング ………………………… 144

ら 行

ラジエーター ……………………… 62
ラックアンドピニオン式 ………… 156
ラックギヤ ………………………… 156
ラテラルロッド …………………… 132
リーフスプリング ………………… 136
リミテッドスリップデフ(LSD) …… 120
流体クラッチ(フルードカップリング)
  ……………………………… 100, 102
理論空燃費 ………………………… 54
リンク機構 ………………………… 154
リングギヤ ………………… 104, 116
リンク式リジット ………………… 132
冷却水 ……………………………… 62
冷却装置 …………………………… 62
冷却ファン ………………………… 62
レシプロエンジン ………………… 24
レリーズベアリング ……………… 86
連続可変トランスミッション …… 110
ロアアーム ………………………… 130
ローリング ………………………… 144
ロッカーアーム …………………… 40
ロックアップ機構 ………………… 108
ロングストローク ………………… 29

わ 行

ワンウェイクラッチ ……………… 102

数字・欧字

1ボックス ………………………… 14
2ペダルM/T ……………………… 114
2ボックス ………………………… 14
3ナンバー ………………………… 18
3ボックス ………………………… 14
4サイクル ………………………… 26
4WD(4輪駆動) …………… 16, 124
5ナンバー ………………………… 18
CVT ……………………… 110, 112
Dジェトロ方式 …………………… 50
DOHC(ダブル・オーバーヘッド・カムシャフト) ………………………… 40
DPF(ディーゼルパティキュレートフィルター) …………………………… 74
FF(フロントエンジン・フロントドライブ) ………………………………… 16
FR(フロントエンジン・リヤドライブ) ……………………………………… 16
LEDヘッドランプ ……………… 178
MR(ミッドシップエンジン・リヤドライブ) ……………………………… 16
Nox吸蔵還元触媒 ………………… 74
OHC(オーバーヘッド・カムシャフト) ……………………………………… 40
OHV(オーバーヘッド・バルブ) … 40
RR(リヤエンジン・リヤドライブ) … 16
V型エンジン ……………………… 28

―――― 著者紹介 ――――

橋田　卓也（はしだ　たくや）

1958年大阪生まれ。1980年、理工関係の専門学校を卒業後、自動車メーカーの乗用車技術センターに入社、4WD車の開発を行う。1987年、自動車専門学校の教員となり、整備士養成のための教育に携わる。1993年、自動車鈑金塗装業界向け業界紙の編集者となり、以後編集長として業界の発展に尽力する。その後、独立して現在に至る。
◎著書：『図解でわかるクルマのメカニズム』『図解でわかるエンジンのメカニズム』『自動車知りたいこと事典』（以上山海堂）ほか。

きちんと知りたい！
自動車メカニズムの基礎知識　　　　　　　　　　NDC 537

2013年 8 月16日　初版 1 刷発行　　（定価は、カバーに
2025年 7 月10日　初版24刷発行　　　表示してあります）

　　　　　Ⓒ著　　者　　橋　田　卓　也
　　　　　　発行者　　神　阪　　　拓
　　　　　　発行所　　日刊工業新聞社
　　　　　　　　　東京都中央区日本橋小網町 14-1
　　　　　　　　　　（郵便番号 103-8548）
　　　　　電　　話　書籍編集部　03-5644-7490
　　　　　　　　　　販売・管理部　03-5644-7403
　　　　　　　　　　F A X　　　　03-5644-7400
　　　　　振替口座　00190-2-186076
　　　　　URL　　　https://pub.nikkan.co.jp/
　　　　　e-mail　　info_shuppan @ nikkan.tech
　　　　　　　　　　　　　　　印刷・製本　美研プリンティング

落丁・乱丁本はお取り替えいたします。　　2013 Printed in Japan
ISBN978-4-526-07111-9　C 3053
本書の無断複写は、著作権法上での例外を除き、禁じられています。